职业教育课程改革与创新系列教材

智能楼宇系统实训教程

主　编　张位勇

副主编　沈　萍

参　编　陈元林　樊俊杰　禹海龙

　　　　李　沁　尼玛次仁

主　审　朱照红

机械工业出版社

本书是职业教育课程改革与创新系列教材之一，以中等职业学校智能楼宇系统中需掌握的基本技能为重点，结合楼宇行业的职业技能要求编写而成。

本书内容楼宇供水系统操作与实训、安防报警及监控系统操作与实训、热水供暖循环系统操作与实训、楼宇供配电及照明系统操作与实训、楼宇监控系统操作与实训、对讲门禁控制系统操作与实训、远程抄表系统操作与实训、楼宇综合布线系统操作与实训八个项目。

本书可作为中等职业学校楼宇智能化设备安装与运行专业及其相关专业的实训教材，也可以作为相关专业人员培训及自学用书。

图书在版编目（CIP）数据

智能楼宇系统实训教程/张位勇主编. —北京：机械工业出版社，2017. 9（2019.1重印）
职业教育课程改革与创新系列教材
ISBN 978-7-111-57844-4

Ⅰ. ①智… Ⅱ. ①张… Ⅲ. ①智能建筑-中等专业学校-教材 Ⅳ. ①TU18

中国版本图书馆CIP数据核字（2017）第238132号

机械工业出版社（北京市百万庄大街22号 邮政编码100037）
策划编辑：赵红梅 责任编辑：柳 瑛
责任校对：樊钟英 封面设计：马精明
责任印制：孙 炜
保定市中画美凯印刷有限公司印刷
2019年1月第1版第2次印刷
184mm×260mm · 13.5印张 · 280千字
1001—2000册
标准书号：ISBN 978-7-111-57844-4
定价：36.00元

前　言

随着经济的快速发展、科技水平的不断提高，楼宇智能化技术迅速发展，并引起越来越多的人的重视。因此，尽快培养大批掌握楼宇设备自动化技术的人才，是职业院校的一项紧迫任务。目前，职业院校在智能楼宇自动化技术专业教学上存在的问题是教学内容与社会实际差异较大，故本书打破了原来的学科知识体系，按社会实际构建课程的技能培训体系。

本书根据楼宇行业的职业技能要求，以智能楼宇系统实训所必备的技能为主线，以图文并茂、突出实训操作的编写思路，编写了楼宇供水系统操作与实训、安防报警及监控系统操作与实训、热水供暖循环系统操作与实训、楼宇供配电及照明系统操作与实训、楼宇监控系统操作与实训、对讲门禁控制系统操作与实训、远程抄表系统操作与实训、楼宇综合布线系统操作与实训八个项目，重点是指导学生进行智能楼宇自动化技术方面的操作实训，帮助学生掌握智能楼宇自动化技术，以突出职业教育的特色，满足实际应用需求。

本书中每个项目均以“项目目标”“相关知识”“技能训练”“复习思考题”的体例编写，“项目目标”是让学生明确学习的目标和任务；“相关知识”是围绕技能训练，把相关知识串联起来呈现给学生，增加学生的知识储备；“技能训练”是让学生实际动手操作，在实践中学会操作技能；“复习思考题”是让学生巩固所学技能。

本书在结构安排上充分体现连贯性、针对性，让学生学得进、用得上；在行文上，力求语句简练、通俗易懂、图文并茂，使学习更具直观性；在呈现方式上，融知识、技能于兴趣之中，让不同层次的学生都学有所得。

本书建议总学时为154学时，各项目的参考学时见下表。

课程内容	学时分配	
	知识讲授	实践训练
项目一　楼宇供水系统操作与实训	6	18
项目二　安防报警及监控系统操作与实训	6	8
项目三　热水供暖循环系统操作与实训	6	6
项目四　楼宇供配电及照明系统操作与实训	6	18
项目五　楼宇监控系统操作与实训	6	16

（续）

课程内容	学时分配	
	知识讲授	实践训练
项目六　对讲门禁控制系统操作与实训	6	12
项目七　远程抄表系统操作与实训	6	8
项目八　楼宇综合布线系统操作与实训	6	20
合　计	48	106

本书由张位勇任主编，沈萍任副主编。具体分工如下：张位勇负责编写项目一～项目三，沈萍负责编写项目四，陈元林负责编写项目五，樊俊杰负责编写项目六和复习思考题，禹海龙负责编写项目七，李沁负责编写项目八，尼玛次仁负责编写各项目的过程测评，朱照红负责全书的主审工作。

本书编写过程中得到了拉萨市第二中等职业技术学校领导的大力支持、科研处专家老师的精心指导，以及公共管理与服务教学部老师的帮助，在此表示衷心感谢。

本书编写过程中参阅了大量相关的图书、图册及技术资料等，在此向原作者致以衷心的感谢。

由于编者水平有限，书中难免有疏漏和不当之处，恳请广大读者批评指正。

编　者

目　　录

项目一

楼宇供水系统操作与实训

项目目标

（1）认识楼宇供水系统，了解楼宇中供水系统的基本结构；

（2）熟悉 HYBAHY-1 型变频恒压供水系统实训装置，能正确使用和维护该系统；

（3）能利用实训设备完成楼宇供水系统的操作任务。

相关知识

一、认识楼宇供水系统

变频恒压供水系统是现代建筑中普遍采用的一种水处理系统，随着变频调速技术的发展和人们节能意识的不断增强，它被广泛地应用于住宅小区及商业建筑中。在智能建筑教学领域，变频恒压供水系统已成为一个重要的研究课题，其典型结构是由压力传感器、可编程序控制器（PLC）、变频器和供水泵组等组成的。然而，实际应用的变频恒压供水系统因其结构庞大、分布范围广、不形象直观，故不适宜直接用作教学设备。

为满足科研和教学要求，目前市场上出现很多变频恒压供水实验设备，但其性能参差不齐，缺乏系统的全面性、集成性。有些厂家生产的变频恒压供水系统采用继电器接触器控制电路，通过控制水泵的起停和调节泵出水阀的开度来实现恒压供水，不但线路复杂、操作麻烦、维护困难，而且由于驱动电动机恒速运转，也浪费了大量能源。

许多厂家虽然生产出了变频恒压供水系统的实验装置，但仅模拟了一路管道、一台或几台水泵机组，采用 PLC 进行简单的逻辑控制，太过于简化，完全忽略了工程的概念，没有体现出楼层供水的意义。有些生产厂家虽然也设计出了楼层模型，但其水网仅有一路系统，无法模拟真实的楼层供水系统（包含消防供水系统、生活供水系统、生产供水系统），控制系统仅靠 PLC 独立完成，缺乏手动操作，因此无法排除系统投运前的不确定因素。

HYBAHY-1 型变频恒压供水系统实训装置满足了变频恒压供水系统的基本要求，它是一种模拟楼层现场恒压供水的实验装置，是由储水系统、动力系统、输送系统、回水系统和控制系统（手动控制、自动控制）组成的。它利用流量与转速成正比、电动机的消耗功率与转速的立方成正比的关系来实现节能要求，即当需求的水量小时，电动机转速降低，水泵出口流量减小，电动机的消耗功率大幅度下降，从而达到节能的目的。

动力系统由 4 台不同功率的水泵机组组成，根据功能划分为常规变频循环泵（2 台）、消防增压泵（1 台）、休眠小泵（1 台），分别用于模拟正常模式下的生活供水动力系统、夜间小流量的生活供水动力系统以及消防供水动力系统。

输送系统根据结构划分为生活供水系统和消防供水系统，生活供水和消防供水系统之间采用特殊的单向影响结构，既保证了消防管道在非火灾模式下的内部水压，也保证了消防模式下的消防水压不影响正常的生活供水压力。

回水系统采用有机玻璃材料，使实验系统具有可观察性。

控制系统采用手动和自动控制两种方式。在自动控制器失效的状态下，用手动控制方式也能保证系统可靠运行。在系统进入自动控制前，手动控制还可用于检验动力线路和动力设备的工况。在有变频和工频两种运行状态的设备间，采用机械互锁和逻辑互锁的双重保护设计，以保障设备的安全运行。

HYBAHY-1 型变频恒压供水系统同时采用过载保护、漏电保护、接地保护等多重保护机制，充分保障了操作者的人身安全和设备的运行安全。

二、HYBAHY-1 型变频恒压供水系统控制结构

HYBAHY-1 型变频恒压供水系统实训装置采用“PLC+ 变频器 + 手动控制器”的控制模式，控制结构如图 1-1 所示。

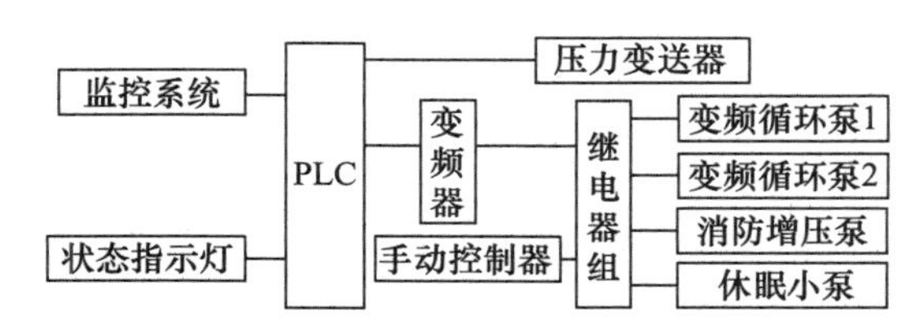

图 1-1　HYBAHY-1 型变频恒压供水系统控制结构

三、HYBAHY-1 型变频恒压供水系统主要功能

图 1-2 所示为 HYPHY-2 变频恒压供水对象模型。HYBAHY-1 型变频恒压供水系统能够模拟供水现场的各种复杂状况，使实验更加贴近于工程实际。本实训装置可实现的功能有：

（1）生活供水管网的恒压供水。

（2）特定时日供水压力控制，每日可设定四段压力运行，以适应供水压力变化的

需求。

（3）系统最大供水压力为250kPa。

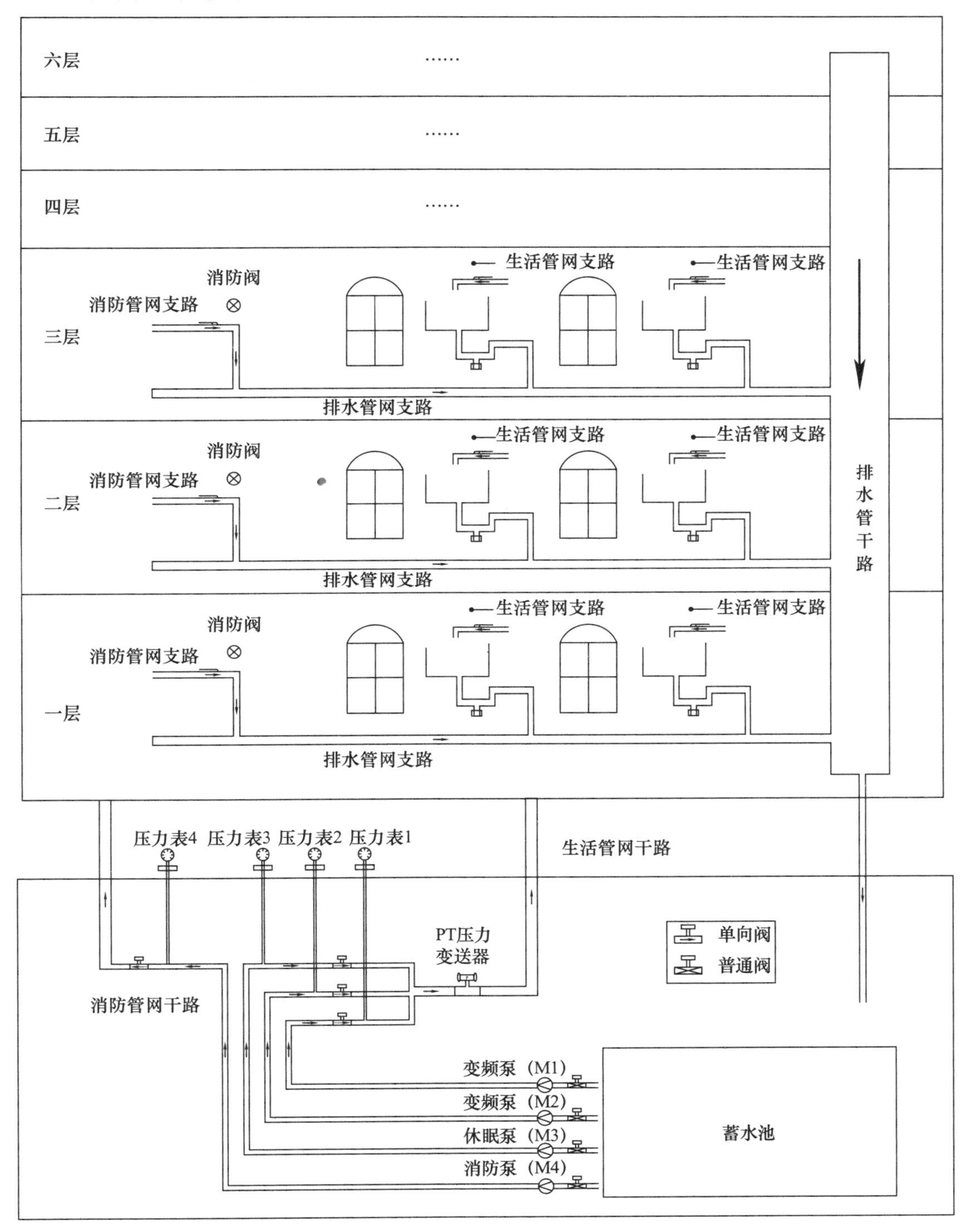

图1-2　HYPHY-2变频恒压供水对象模型

（4）夜间可起动休眠小泵运行，以实现最大限度的节能。

（5）火警状态，可自动起动消防泵。

（6）可实现上位机控制。

实验装置动力系统的技术指标如下：

（1）对象高度为 1.850m。

（2）输水管道口径为 20mm。

（3）生活供水系统。

1）生活供水系统支路出水口（水龙头）数量为 12 个（每层 2 个），口径为 16mm。

2）按照每个水龙头出水 100mL/s=6L/min=6kg/min 计算，需求工作流量 1000mL/s=60L/min，额定工作扬程＞ 3m。

3）生活供水动力系统由 3 台水泵（变频运行）构成，其中 2 台功率为 370W、扬程为 21m、流量为 50L/min、进水口径为 25mm、出水口径为 20mm；另一台小功率工频水泵功率为 250W、扬程为 8m、流量为 30L/min、进水口径为 25mm、出水口径为 20mm，用于在夜间小流量时对生活管网的供水。

（4）消防供水系统。

1）消防供水支路出水口数量为 6 个（每层 1 个），口径为 12mm。

2）按照每个消防栓出水流量 100mL/s=6L/min=6kg/min 计算，额定工作流量 600mL/s=36L/min，需求工作扬程＞ 3m。

3）消防供水支路水泵功率为 370W、扬程为 21m、流量为 50L/min、进水口径为 25mm、出水口径为 20mm（技术参数与生活水恒压供水支路的 2 台变频水泵一样）。

注意：以上管道口径指内径；第一次加水运行，水泵内需排空气，避免以后压力不稳定；水应保持清洁，定时更换和清洗水箱。

四、HYBAHY-1 型变频恒压供水系统的控制屏

HYBAHY-1 型变频恒压供水系统的控制屏界面如图 1-3 所示，操作说明如下：

（1）“三相电源总开关”带有漏电保护器，用于控制整个系统的电源通断状态。

（2）“启动”“停止”按钮用于控制“工频输出”端的电源输出和“手动 / 自动”开关。

（3）8 只运行状态指示灯用于指示系统手动、自动状态和水泵的 6 种工作状态。

（4）“手动 / 自动”开关用于系统在手动和自动控制两种状态下进行切换。

（5）8 个手动控制按钮在手动状态下有效（在自动状态下无效），分别用于在手动状态下控制 4 台水泵。

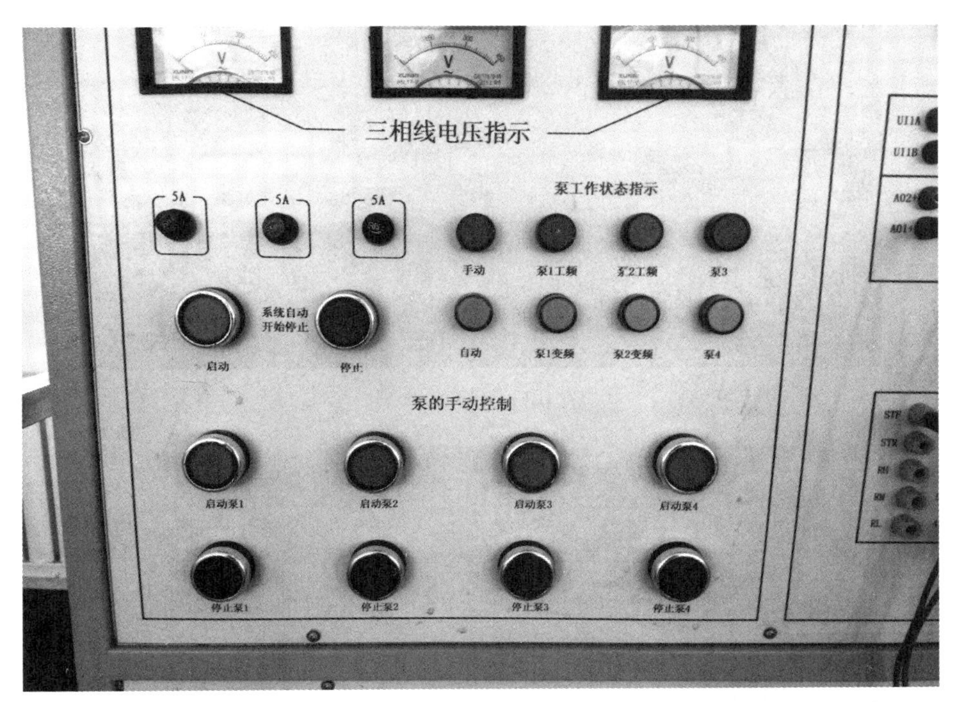

图 1-3　控制屏界面

五、软件通信与控制

（一）LonMaker 3.1 软件使用说明与下位机通信

HYBAHY–1 型变频恒压供水系统上位机控制采用 LonMaker 3.1 软件。

1. LonMaker 3.1 软件安装

将 LonMaker 3.1 安装文件拷贝到 HYBAHY–1 变频恒压供水系统实训装置的控制计算机内，作为备用配套附件，如果系统出现故障，可以利用安装文件进行恢复。

注意：通常恢复时，需要先单击“主组态系统中的中文版\恒压供水备份”进行恢复，如不能进行正常恢复时，可在 E 盘软件“Ghostsetup”中进行恢复。

2. 下载 PLC 程序

给 PLC 提供 DC24V 直流电源，将网卡（USB2.0）连接到设备通信口。

打开计算机（已事先装好了 LonMaker 3.1 和力控组态软件）。

（1）打开计算机桌面，双击 LonMaker3.1 软件如图 1-4 所示。

（2）单击“OpenNetwork”进入图 1-5 所示界面。

（3）在弹出界面上单击“Next”按钮，如图 1-6 所示。

（4）在弹出界面上再单击“Next”按钮，如图 1-7 所示。

（5）在弹出界面上单击“Finish”按钮，如图 1-8 所示。

（6）打开设备连接图如图 1-9 所示。

图 1-4　计算机桌面

图 1-5　单击“OpenNetwork”按钮

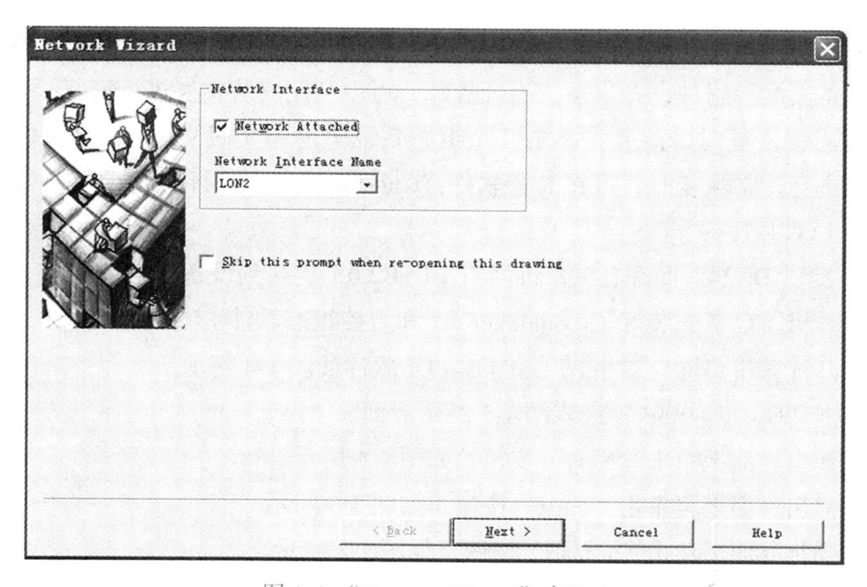

图 1-6　“Network Wizard”窗口 1

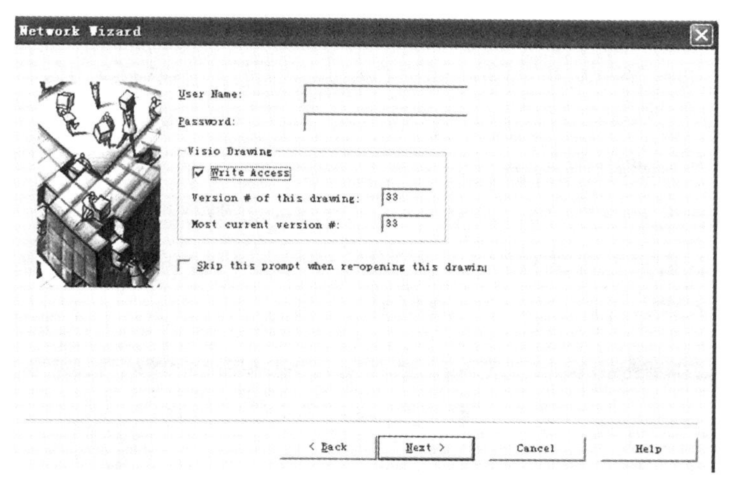

图 1-7　“Network Wizard”窗口 2

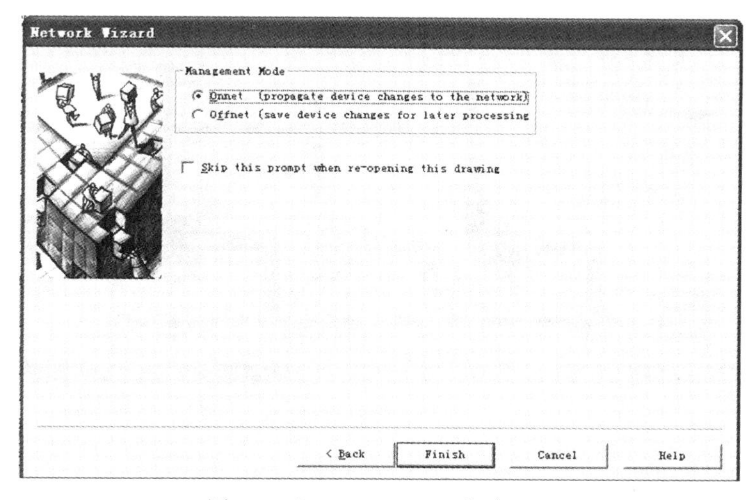

图 1-8　“Network Wizard”窗口 3

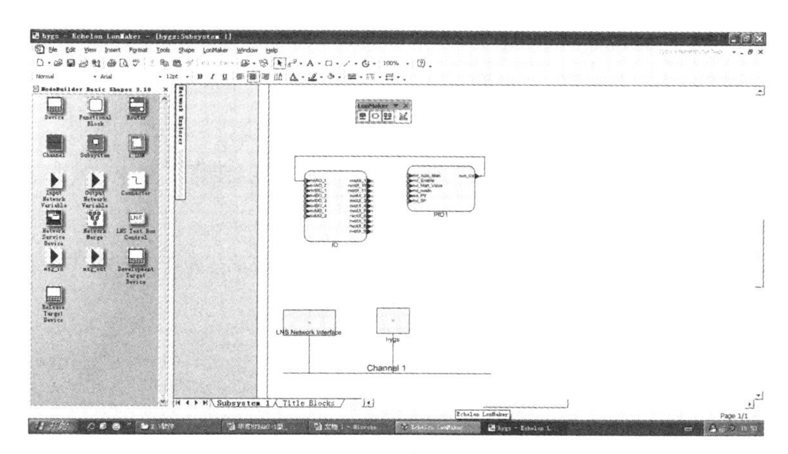

图 1-9　设备连接图

（二）上位机工程软件安装与使用

HYBAHY-1 型变频恒压供水系统的上位机基于力控组态软件（IBBS6.0）设计，使用方法如下：

（1）首先将设备硬件手动 / 自动开关拨至自动。

（2）打开计算机上的 Greenwell Lonworks OPC Server 数据库。

（3）用鼠标双击桌面上的快捷方式 Greenwell Lonworks OPC Server 图标，运行上位机工程，进入运行界面，如图 1-10 所示。

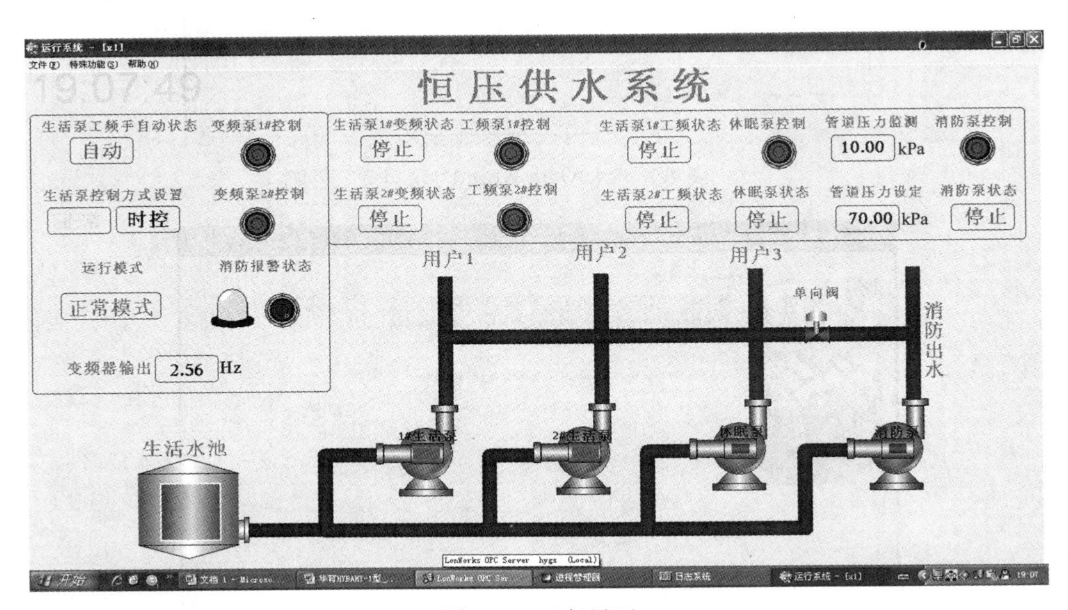

图 1-10 运行界面

软件使用说明如下。

1）软件运行后，会自动与下位机建立连接，连接成功后，自动读取当前下位机内部的参数（日期、时间、变频器输出等）。

2）“停止”按钮用于及时停止水泵的运行。

3）“时控”即时段控制，用于控制供水系统的两种运行方式，每次在“启动”前要选择好启动运行时段，即白天运行或晚间运行。具体选择哪一种控制方式和运行时段，可以参考“任务六生活供水系统的分时控制”。

4）消防控制只要检测到消防报警信号，就会停止所有变频状态下的供水，起动消防泵。

5）退出系统工程之前要先停止管理器的运行，再停止 Greenwell Lonworks OPC Server 数据库运行。

6）每次启动之前要先运行 Greenwell Lonworks OPC Server 数据库。

技能训练

任务一　系统控制结构认识与调试

一、任务目标

（1）熟悉 HYBAHY–1 型变频恒压供水系统内部的控制结构；

（2）掌握 HYBAHY–1 型变频恒压供水系统实训装置的基本操作和正确使用方法；

（3）调试并检验 HYBAHY–1 型变频恒压供水系统的工作状态。

二、任务准备

（1）HYBAHY–1 型变频恒压供水系统实训装置；

（2）计算机一台（力控组态软件一套）。

三、任务原理

在 HYBAHY–1 型变频恒压供水系统中有 4 台水泵，由于其中两台常规泵是以变频循环方式工作，所以它们会工作在变频和工频两种状态，如图 1-11 所示为过载保护结构图。

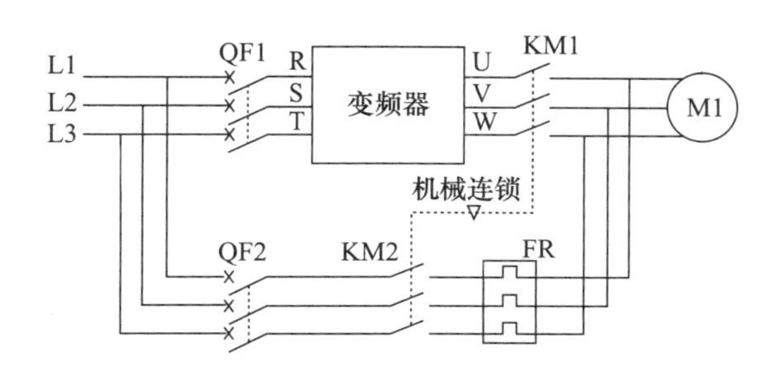

图 1-11　过载保护结构图

变频器输出与工频旁路之间使用带机械连锁装置的交流接触器，以防止变频器输出与工频电源之间引起短路而损坏变频器及相关设备。变频器输出 U、V、W 应与工频旁路电源 L1、L2、L3 相序一致。否则，在电动机变频向工频切换过程中，会因切换前后相序的不一致而引起电动机转向的突然反向，容易造成跳闸甚至损坏设备。

变频器内部有电子热能保护开关（用户亦可单独外配过流保护装置），但应注意电动机的工频旁路中应有相应的过流保护装置，控制柜底部为四只热过载保护器，分别用于对四台水泵的电动机实施过电流保护。

四、任务操作

1. 系统调试

（1）关闭 HYBAHY-1 型变频恒压供水系统控制屏的总电源，将主电路电源输出（U0、V0、W0）分别与 HYBAHY-1 型变频恒压供水系统实训装置工频输入接口（U0、V0、W0）对接，其他线路不接。

（2）打开 HYBAHY-1 型变频恒压供水系统控制屏上的总电源，给 HYBAHY-1 型变频恒压供水系统实训装置上电，首先将 HYBAHY-1 型变频恒压供水系统实训装置上“手动 / 自动开关”拨到“手动”，然后按下 HYBAHY-1 型变频恒压供水系统实训装置上的“起动”按钮，依次手动起动、停止各台水泵，确认各水泵工频运行指示灯是否正常。

（3）关闭 HYBAHY-1 型变频恒压供水系统控制屏的总电源，然后用 4 根 5 芯航空电缆和一根 3 芯航空电缆对应将 HYPHY-2 型变频恒压供水系统对象模型和控制屏连接起来。

（4）打开动力系统中所有阀门，依次手动起动和停止常规泵 1、常规泵 2、休眠泵、消防泵，观察水泵的运转情况。对于运行反转的水泵，断开电源，打开接线盒，调整其中任意两根线序，确定水泵正方向运转（如果 4 台水泵同时反转，则需调整控制屏电源输入端插头内三相线的相序）。

（5）自动控制接线。

1）将变频器上的“电源输入”接 HYBAHY-1 型变频恒压供水系统控制屏上主电源输出（R、S、T 分别接 U0、V0、W0），变频器“变频输出”接主电路的“变频输入”（U、V、W 对接），变频器上的控制端口“STF”与“SD”短接，“2”“5”分别接 HYBAHY-1 型变频恒压供水系统实训装置 PLC 的模拟量输出“AO1+”“AO1-”端；变频器“AM”“5”分别接 PLC“UI11A”“UI11B”。

2）HYBAHY-1 型变频恒压供水系统实训装置上 PLC 的模拟量输入“UI2A”“UI2B”端口分别接 HYBAHY-1 型变频恒压供水系统控制屏上压力变送器 0~10V 的“+”“-”端，PLC 继电器输出“DO1D”“DO2D”“DO3D”“DO4D”“UO1G”“UO2G”端接 HYBAHY-1 型变频恒压供水系统实训装置面板上常规泵 1 变频控制端“Y1”“Y2”“Y3”“Y4”“Y5”“Y6”端，PLC 继电器输出的“DO1D”“DO2D”“DO3D”“DO4D”“UO1H”“UO2H”端短接起来后再接 HYBAHY-1 型变频恒压供水系统实训装置面板上的“A”端，其他线路不接。

（6）将 HYBAHY-1 型变频恒压供水系统实训装置上的“手动 / 自动开关”拨到“自动”，然后按下 HYBAHY-1 型变频恒压供水系统实训装置上的“总起动”按钮（变频器接受电压输入控制方式时，这些参数出厂时已经设置好，不需再修改）。

（7）给 PLC 上电，PLC 根据预先设置的启动方式进入监视状态，运行上位机程序，上位机会自动搜寻该系统 PLC 的运行状态，会自动读写 PLC 内部的系统时间和相关参

数。在上位机上设置需求压力以及运行时间。

（8）按下监控界面中的“OPC 数据库”按钮，PLC 会自动运行。

（9）在时控下设定白天运行和晚上运行的时间，设定好供水压力，到设定时间系统会自动起动变频泵 1 并稳定在设定的压力值内。

五、注意事项

（1）每次（尤其是第一次）操作前严格按照以上实验步骤进行操作，先手动运行，观察系统是否正常，然后再投入自动运行。否则，误操作可能造成水泵电动机的反转，变频器输出端与工频电源相连等故障。

（2）设置为手动控制状态时，为了保证 PLC 的安全使用，需断开 PLC 与 HYBAHY-1 型变频恒压供水系统实训装置的接线或者将 PLC 停机（在上位机按下“停止”按钮或重新为 PLC 上电）或者关闭 PLC 电源，否则会损坏 PLC 触点与交流接触器。

（3）本任务中所有实验项目中的参数设置只是给出一般的参考数值，实验者可根据打开的出水阀门数量具体设置相关的参数。

六、安全警告

（1）严禁将变频器的输出端接入工频电源，否则有爆炸或损坏设备的危险，确认变频器电源完全断开的情况下，才能进行变频器的接线操作，否则有触电的危险。

（2）严禁在变频器输出相序与工频相序不一致的状态下运行系统。在启动系统前一定要按照上面的方法依次检查系统的工作状态，保证系统启、停正常，并且变频器输出的相序和工频输入相序相一致，同时各台水泵在该相序下正方向运转。

（3）为保证操作人员人身安全，请将该装置和动力系统的外壳可靠接地。

（4）每次实训完毕必须先退出系统，进行管理后再重新打开。

七、过程测评

任务一过程测评见表 1-1。

表 1-1　任务一过程测评

考核项目	考核要求	配分	评分标准	扣分	得分	备注
系统调试操作	1. 会接主电路电源线路 2. 熟悉系统控制屏的操作 3. 按照要求控制所有水泵，并认真观察 4. 会调整水泵的正转和反转	30	1. 没有关闭总电源操作扣 3 分 2. 错、漏接线扣 2 分 3. 调试操作顺序有误扣 5 分 4. 控制水泵操作有误扣 3 分			

（续）

考核项目	考核要求	配分	评分标准	扣分	得分	备注
自动控制接线操作	1. 正确连接变频器的电源输入和变频器输出 2. 正确将变频器与实训装置接线	35	1. 错、漏接线扣 3 分 2. 接线违背操作规程扣 4 分			
运行操作	1. 正确操作运行系统 2. 设置需求压力和运行时间 3. 熟悉自动运行操作	30	1. 系统启动错误扣 3 分 2. 不会设置需求压力和运行时间扣 4 分 3. 无法进行自动运行操作（每个步骤完成有误或没有完成各扣 2 分）			
安全生产	自觉遵守安全文明生产规程	5	遵守不扣分，不遵守扣 5 分			
时间	3h		超过额定时间，每 5min 扣 2 分			
开始时间		结束时间		实际时间		
成绩						

任务二　单泵控制变频恒压供水

一、任务目标

（1）熟悉 HYBAHY-1 型变频恒压供水系统的实验原理；

（2）掌握 HYBAHY-1 型变频恒压供水系统的操作步骤和投运方法。

二、任务准备

（1）HYBAHY-1 型变频恒压供水系统实训装置；

（2）计算机一台（力控组态软件一套）。

三、任务原理

HYBAHY-1 型变频恒压供水系统是一个包含了单回路定值控制和逻辑状态切换的综合控制系统。单泵控制变频恒压供水实验，实际上是一个单回路压力定值控制系统实验，它是变频恒压供水系统中最简单也是最基本的一种控制模式，其逻辑状态的切换是依靠单回路控制中 PID 运算的结果、时间逻辑（休眠控制）和外部信号（消防控制）输入 3 个条件的组合进行控制。

四、任务操作

参照任务一，做好系统投运前的测试工作以及自动控制接线工作，检查系统的工作

状态。当各泵运转正常后，按如下步骤进行操作：

（1）将总电源和 PLC 电源打开（PLC 上电后进入监视状态），并将“手动 / 自动开关”拨到“手动”状态；

（2）打开生活供水系统的总阀门和该供水系统的所有支路阀门，消防供水阀门保持关闭状态；

（3）手动起动“常规泵 1”；

（4）运行上位机系统，读取当前的管网压力，记下该压力数值（如 50~100kPa）；

（5）手动停止“常规泵 1”后，将“手动 / 自动开关”拨到“自动”状态；

（6）在第 4 步测得的压力范围内把需求压力值设置好（参考数值为 50~100kPa 之间）；

（7）设置“启动”时间，系统会自动调整变频器的输出，常规泵 1 在变频状态下运行。待管网压力达到需求压力，且基本稳定不变时，变频器就稳定在一个固定的频率值；

（8）系统稳定后，调节用水量大小（如关闭三、四层的生活用水阀门），PLC 会自动调节变频器的输出频率，直到达到新的平衡点为止。

五、过程测评

任务二过程测评见表 1-2。

表 1-2　任务二过程测评

<table>
<tr><th>考核项目</th><th colspan="2">考核要求</th><th>配分</th><th colspan="2">评分标准</th><th>扣分</th><th>得分</th><th>备注</th></tr>
<tr><td>任务接线操作</td><td colspan="2">1. 正确给控制屏上主电路、电源输出和实训装置的 4 台水泵间接线
2. 正确给变频器和实训装置间接线
3. 正确给实训装置和压力变送器、继电器间接线</td><td>40</td><td colspan="2">1. 错、漏接线扣 2 分
2. 接线违背操作规范扣 4 分</td><td></td><td></td><td></td></tr>
<tr><td>单泵控制变频恒压供水</td><td colspan="2">1. 做好系统投运前的测试工作
2. 按照操作步骤完成任务
3. 熟悉单泵控制变频恒压供水操作
4. 会设置需求压力值</td><td>55</td><td colspan="2">1. 没有正确进行投运前测试扣 5 分
2. 操作混乱，没按操作步骤一一执行扣 3 分
3. 没有完成单泵控制变频恒压供水操作（每个步骤完成有误或没有完成各扣 2 分）</td><td></td><td></td><td></td></tr>
<tr><td>安全生产</td><td colspan="2">自觉遵守安全文明生产规程</td><td>5</td><td colspan="2">遵守不扣分，不遵守扣 5 分</td><td></td><td></td><td></td></tr>
<tr><td>时间</td><td colspan="2">2h</td><td></td><td colspan="2">超过额定时间，每 5min 扣 2 分</td><td></td><td></td><td></td></tr>
<tr><td>开始时间</td><td></td><td colspan="2">结束时间</td><td></td><td>实际时间</td><td colspan="3"></td></tr>
<tr><td>成绩</td><td colspan="8"></td></tr>
</table>

任务三 双泵切换变频恒压供水

一、任务目标

（1）熟悉变频恒压供水系统中常规水泵之间的切换原理；
（2）了解常规水泵间的切换过程。

二、任务准备

（1）HYBAHY-1 型变频恒压供水系统实训装置；
（2）计算机一台（力控组态软件一套）。

三、任务原理

双泵切换变频恒压供水实验是依靠单回路控制（PID）的运算结果和时间逻辑来控制两台常规水泵（常规泵 1 和常规泵 2）之间的切换。系统启动后，常规泵 1 变频运行一直到 50Hz，如果当前管网压力仍达不到系统需求压力时，系统经过一定的判断时间后，常规泵 1 将投入工频运行，常规泵 2 变频起动运行（从 0Hz 上升）直到满足需求压力，这是上切过程。如果当前管网压力大于系统需求压力值时，常规泵 2 运行频率下降。当运行频率下降到 0Hz，当前管网压力仍大于系统需求压力时，系统经过一定的判断时间后，将常规泵 2 停止，常规泵 1 投入变频运行（从 50Hz 向下调整）直到满足需求压力，这是下切过程。

四、任务操作

参照任务一，做好系统投运前的测试工作以及自动控制接线工作，当各泵运转正常后，按如下步骤进行操作：

（1）将总电源和 PLC 电源打开（PLC 上电后进入监视状态），并将“手动 / 自动开关”拨到“自动”状态。

（2）打开生活供水系统的总阀门和该供水系统的所有支路阀门，消防供水阀门保持关闭状态。

（3）单击“时控设置”并进行压力设置（如 46~50kPa），起动“常规泵 1”变频，水泵运行稳定后，读取当前的管网压力，记下该压力数值。

（4）加大供水管网设定压力（如 150~200kPa），观察系统将如何变化。

（5）读取当前的管网压力，记下该压力数值（如 145~155kPa）。

（6）在第 4 步中，系统会自动调整变频器的输出，“常规泵 1”变频运行到 50Hz 后，经过大约 5s 的判断时间，“常规泵 1”投入工频运行，再经过 3s“常规泵 2”从 0Hz 变频起动，待管网压力达到需求压力，且基本稳定不变时，变频器将稳定在一个固定的频率值。

（7）系统稳定后，减小用水量（逐渐关闭生活用水龙头），使变频器运行频率下降为0Hz，观察水泵下切过程。

注意：在水泵上切过程中，有时会出现“常规泵 1”切换到工频、电动机正常运转，但却没有压力的情况。这是由于磁力驱动泵电压冲击过大，导致联轴器打滑，出现这种情况时请立即停止实验，并关闭 PLC 电源，然后重新给 PLC 上电，再启动运行。每次实训完毕必须先退出系统，进行管理后再重新打开。

五、过程测评

任务三过程测评见表 1-3。

表 1-3　任务三过程测评

考核项目	考核要求	配分	评分标准	扣分	得分	备注
任务接线操作	1. 正确给控制屏上主电路、电源输出和实训装置的 4 台水泵间接线 2. 正确给变频器和实训装置间接线 3. 正确给实训装置和压力变送器、继电器间接线	40	1. 错、漏接线扣 2 分 2. 接线违背操作规范扣 4 分			
双泵切换变频恒压供水	1. 做好系统投运前的测试工作 2. 按照操作步骤完成任务 3. 掌握双泵切换变频恒压供水操作 4. 会设置需求压力值	55	1. 没有正确进行投运前测试扣 5 分 2. 操作混乱，没按操作步骤一一执行扣 3 分 3. 没有完成双泵切换变频恒压供水操作（每个步骤完成有误或没有完成各扣 2 分）			
安全生产	自觉遵守安全文明生产规程	5	遵守不扣分，不遵守扣 5 分			
时间	2h		超过额定时间，每 5min 扣 2 分			
开始时间		结束时间		实际时间		
成绩						

任务四　生活供水系统静态压力控制

一、任务目标

（1）测试控制系统的稳态性能；

（2）了解静态压力控制供水系统在实际工程中的应用。

二、任务准备

（1）HYHBAHY-1 型变频恒压供水系统实训装置；

（2）计算机一台（力控组态软件一套）。

三、任务原理

在用户用水量一定的情况下，楼宇供水系统的管网压力和流量也是一定的，供水系统只要保证一定的输出功率，就可以满足系统的供水要求。因此在这种情况下，只要知道了系统的需求压力，水泵机组可以工作在开环控制状态。

由于用户数量和用水时段的不同，楼层用水量通常是变化的，所以恒压供水系统一般要工作在闭环控制状态。楼层用水量恒定只是供水时的一种特殊状态，而通过在闭环控制状态下维持系统的管网静态压力试验，就可以观测系统的稳态性能，从而判别供水闭环控制系统的稳定性。

四、任务操作

参照任务一做系统投运前的测试工作以及自动控制接线工作，各泵运转正常后，按如下步骤操作：

（1）将总电源和 PLC 电源打开（PLC 上电后进入监视状态），并将“手动 / 自动开关”拨到“自动”状态。

（2）打开生活供水系统总阀门，该供水系统的所有支路阀门，消防供水阀门保持关闭状态。

（3）运行上位机系统，在任务二中测得的压力范围内设置需求压力（参考数值为 50~100kPa 之间），默认值为 0。

（4）设置起动时间和压力，系统会自动调整变频器的输出，待管网压力达到需求压力且基本稳定不变时，变频器将稳定在一个固定的频率值，系统进入稳态运行。

（5）调整出水流量，观察运行系统压力稳定变化情况，计算测量数值（当前管网压力）与设定数值之间的偏差百分比，偏差较小的几组参数（5% 以内）即说明出控制系统具有良好的稳定性。

注意：每次实训完毕必须先退出系统，进行管理后再重新打开。

五、过程测评

任务四过程测评见表 1-4。

表 1-4　任务四过程测评

考核项目	考核要求		配分	评分标准		扣分	得分	备注
任务接线操作	1. 正确给控制屏上主电路、电源输出和实训装置的 4 台水泵间接线 2. 正确给变频器和实训装置间接线 3. 正确给实训装置和压力变送器、继电器间的接线		40	1. 错、漏接线扣 2 分 2. 接线违背操作规范扣 4 分				
生活供水系统静态压力控制	1. 做好系统投运前的测试工作 2. 按照操作步骤完成任务 3. 熟悉生活水系统静态压力控制操作 4. 会设置需求压力值		55	1. 没有正确进行投运前测试扣 5 分 2. 操作混乱，没按操作步骤一一执行扣 3 分 3. 没有完成生活供水系统静态压力控制操作（每个步骤完成有误或没有完成各扣 2 分） 4. 设置压力值有误扣 2 分				
安全生产	自觉遵守安全文明生产规程		5	遵守不扣分，不遵守扣 5 分				
时间	2h			超过额定时间，每 5min 扣 2 分				
开始时间		结束时间			实际时间			
成绩								

任务五　生活供水系统动态压力控制

一、任务目标

（1）测试控制系统的动态性能；

（2）分析系统的稳态性能和动态性能。

二、任务准备

（1）HYBAHY-1 变频恒压供水系统实训装置；

（2）计算机一台（力控组态软件一套）。

三、任务原理

由于楼层中用户数量和用水时段的不同，楼层用水量一般是变化的，对应的供水压力也在不断地变化，所以在管网压力变化过程中，恒压供水系统的闭环控制器一定要能及时地跟踪压力变化过程，这就要求系统不但要有较好的稳态性，而且还要有较好的动态性。通过管网动态压力实训，可以用来测试控制系统的动态性能。

四、任务操作

参照任务一做系统投运前的测试工作以及自动控制接线工作，各泵运转正常后，按如下步骤操作：

（1）将总电源和PLC电源打开（PLC上电后进入计算机监视状态），将“手动/自动开关”拨到“自动”。

（2）打开第5、6层的生活用水龙头，所有消防水龙头和1~4层生活用水龙头关闭。

（3）运行上位机系统，在任务二中测得的压力范围内设置需求压力（参考数值为50~250kPa之间）。

（4）单击“启动”并设置时间和压力，系统会自动运行调整变频器输出，系统达到压力设定值并稳定运行一段时间后，同时打开1~4层的生活用水龙头，记录下从打开1~4层水龙头开始到系统再次进入稳定状态（偏差在5%以内）所需要的时间。

（5）多次调整比例增益和积分时间（需在给出的参数范围内调整，如比例增益可在10~100内调整，积分时间可在1~20范围内调整），仿照上面的操作，记录每次得到的时间。在测出历时（40s内）较短的几组参数下控制系统具有较好的动态性能。

（6）将此次测得的数据和管网压力静态控制实验中测得的数据做比较，开大水龙头与关小水龙头时间差的变化和稳定性的变化，在两次实验中都满足要求的数据，用于控制系统时具有较好的稳定性和动态性。

注意：实验项目中的PID参数中比例增益为3、积分时间为1，是多次测试过程中比较理想的PLC控制器参数，用该参数控制HYPHY-2变频恒压供水对象模型在多种状态下都具有较好的稳定性和动态性，该参数仅供参考。每次实训完毕必须先退出系统，进行管理后再重新打开。

五、过程测评

任务五过程测评见表1-5。

表1-5　任务五过程测评

考核项目	考核要求	配分	评分标准	扣分	得分	备注
任务接线操作	1. 正确给控制屏上主电路、电源输出和实训装置的4台水泵间接线 2. 正确给变频器和实训装置间接线 3. 正确给实训装置和压力变送器、继电器间接线	40	1. 错、漏接线扣2分 2. 接线违背操作规范扣4分			
生活供水系统动态压力控制	1. 做好系统投运前的测试工作 2. 按照操作步骤完成任务 3. 熟悉生活水系统动态压力控制操作 4. 会设置需求压力值	55	1. 没有正确进行投运前测试扣5分 2. 操作混乱，没按操作步骤一一执行扣3分 3. 没有完成生活水系统动态压力控制操作（每个步骤完成有误或没有完成各扣2分） 4. 压力值设置有误扣2分			

（续）

考核项目	考核要求	配分	评分标准		扣分	得分	备注
安全生产	自觉遵守安全文明生产规程	5	遵守不扣分，不遵守扣 5 分				
时间	2h		超过额定时间，每 5min 扣 2 分				
开始时间		结束时间		实际时间			
成绩							

任务六　生活供水系统的分时控制

一、任务目标

（1）熟悉一天内的定时控制功能；

（2）了解定时控制的实际意义。

二、任务准备

（1）HYBAHY-1 型变频恒压供水系统实训装置；

（2）计算机一台（力控组态软件一套）。

三、任务原理

系统可根据时段进行压力设定和高低峰用水流量的调节。生活用水在一天内往往存在着若干个用水高峰和用水低谷区间，如 0:00~5:00 为夜间休息期间，一般用水量最少；5:00~8:00、11:00~14:00、17:00~21:00 为起床、午饭和晚饭时间，用水量较大；其余时间用水量一般。为了适应生活供水中的压力 / 流量波动特性（如通常白天的 3 个用水高峰期流量波动，以及其他一些特殊应用），系统可在用水高峰时设定较大给水压力值，以满足用户的需要，并能起到节水和节能的作用。一天的流量波动和多段压力控制如图 1-12 所示。

四、任务操作

参照任务一做系统投运前的测试工作以及自动控制接线工作，各泵运转正常后，按如下步骤操作：

（1）将总电源和 PLC 电源打开（PLC 上电后进入电脑监视状态），并将“手动 / 自动开关”拨到“自动”状态。

（2）打开生活供水系统总阀和该供水系统所有支路阀门，消防供水阀门保持关闭状态。

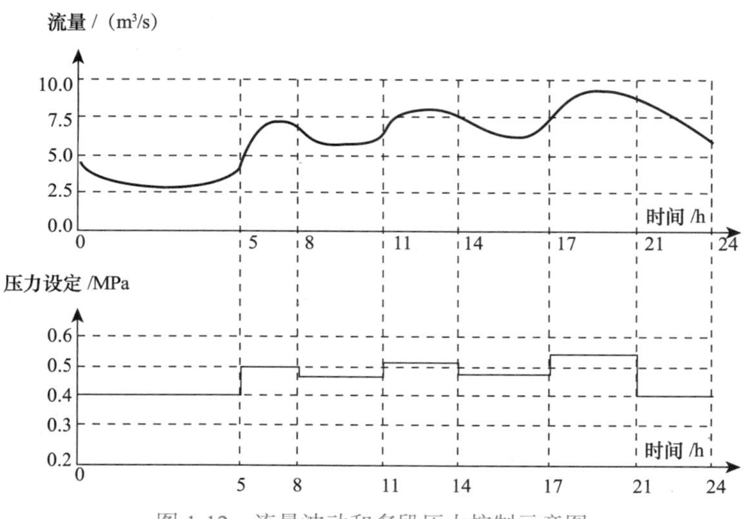

图 1-12　流量波动和多段压力控制示意图

（3）运行上位机系统，单击“时控”按钮，选择白天模式，双击进入白天开始时间和结束时间的设置，并可单击循环运行，高峰时间设定压力比平时要大，如 200kPa（观察实验效果，请根据操作时的具体时间来设置）。

（4）系统会在设定时间自动启动并运行设定压力值。

（5）按下“停止”按钮，可分别停止对应启动的水泵，系统停止运行。

（6）用户使用时，先确定时间段，分别在不同时间段设定压力，设定过程中必须时间关系满足 T1 < T2。

（7）设定时间段时，小时和分钟同时设定，其中前两位表示小时，后两位表示分钟，最后两位表示秒。例如 1h 运行间段的设定，设置起始时间 08 : 00 : 00 时，起始时间应晚于系统实际运行时间，否则会计入下次运行时间，结束时间则输入 09 : 00 : 00。

注意：上面的参数设置只是给出的一般参考数值，实验者可根据不同的阀门数量具体设置相关的参数；每次实训完毕必须先退出系统，进行管理后再重新打开。

五、过程测评

任务六过程测评见表 1-6。

表 1-6　任务六过程测评

考核项目	考核要求	配分	评分标准	扣分	得分	备注
任务接线操作	1. 正确给控制屏上主电路、电源输出和实训装置的 4 台水泵间接线 2. 正确给变频器和实训装置间接线 3. 正确给实训装置和压力变送器、继电器间接线	40	1. 错、漏接线扣 2 分 2. 接线违背操作规范扣 4 分			

（续）

考核项目	考核要求	配分	评分标准	扣分	得分	备注
生活供水系统的分时控制	1. 做好系统投运前的测试工作 2. 按照操作步骤完成任务 3. 熟悉生活供水系统分时段控制操作 4. 会设置需求压力值	55	1. 没有正确进行投运前测试扣 5 分 2. 操作混乱，没按操作步骤一一执行扣 3 分 3. 没有完成生活供水系统分时段控制操作（每个步骤完成有误或没有完成各扣 2 分） 4. 压力值设置有误扣 2 分			
安全生产	自觉遵守安全文明生产规程	5	遵守不扣分，不遵守扣 5 分			
时间	2h		超过额定时间，每 5min 扣 2 分			
开始时间		结束时间		实际时间		
成绩						

任务七 夜间休眠模式下的供水

一、任务目标

（1）熟悉变频恒压供水系统中休眠水泵控制过程；

（2）理解休眠唤醒功能的概念和实际意义。

二、任务准备

（1）HYBAHY-1 型变频恒压供水系统实训装置；

（2）计算机一台（力控组态软件一套）。

三、任务原理

休眠状态控制是依靠时间逻辑来控制休眠泵与常规泵（变频泵）之间状态的切换。当系统启动后，常规泵用于控制供水系统的正常压力，以满足白天的正常供水需要；休眠泵则用于满足夜间小流量供水，它是一套充分节能的供水系统。休眠泵在设定的休眠时间范围内工作，休眠期间只监测管网的压力，根据压力的变化只做逻辑状态切换，不进行定值控制。休眠泵的工作过程为：当系统时间进入休眠时间范围后，休眠泵起动，常规泵停止。管网压力在休眠压力的偏差范围内时，只有休眠泵运行。当管网压力低于休眠压力下限时（特殊情况下的用水量增加），系统进入休眠唤醒状态，常规泵投入工作，控制压力稳定在需求压力值的附近；而当管网压力高于休眠设定数值上限时（用水量开始下降），休眠唤醒恢复，再次进入休眠状态，即只有休眠泵工作；当休眠时间结束后，系统进入正常的白天供水模式，即常规泵起动，休眠泵停止。自动休眠进入与唤醒示意图如图 1-13 所示。

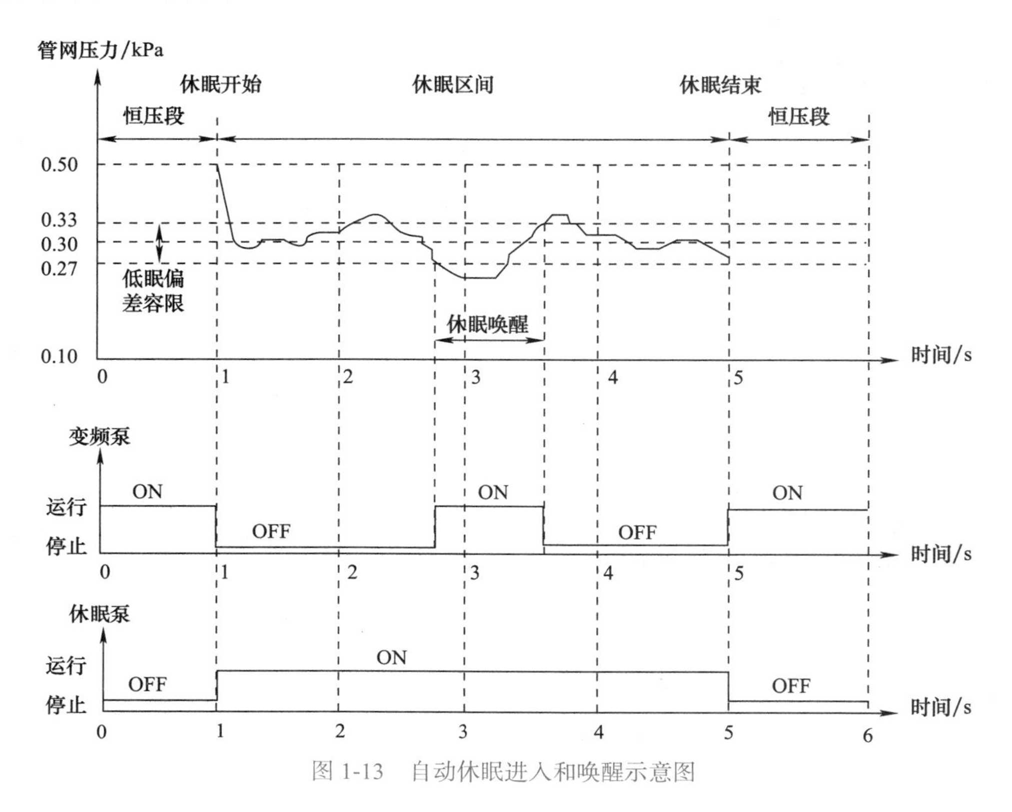

图 1-13　自动休眠进入和唤醒示意图

四、任务操作

参照任务一做系统投运前的测试工作以及自动控制接线工作，检查系统工作状态，各泵运转正常后，按如下步骤操作：

（1）将总电源和 PLC 电源打开（PLC 上电后进入电脑监视状态），并将“手动 / 自动开关”拨到“自动”状态。

（2）打开生活供水系统总阀门，打开生活供水系统第 1、6 层的阀门，2~5 层关闭，消防供水阀门保持关闭状态。

（3）根据当时的系统时间设置约 5min 后的时间为休眠开始时间，时间输入格式为：#### 表示 ##:##（如开始时间 09:00:00 表示 9 点开始，结束时间 09:10:00，表示休眠运行时间为 10min。休眠压力设置为 45kPa，偏差为 15kPa。

（4）单击“时控”按钮，设定好夜间启动时间段和结束时间段，系统会自动运行休眠泵，系统进入休眠时段后，休眠泵运行，常规泵停止。

（5）休眠泵稳定运行后，如果休眠结束时间后你设定了白天运行时段和生活压力值，

系统会自动起动生活变频泵。

（6）当系统时间到达结束时间时，休眠结束，休眠泵停止，常规泵起动。常规泵的起动需要设定压力值和白天运行时间两个条件。

注意：上面的参数设置只是给出的一般参考数值，实验者请根据不同的阀门数量具体设置相关参数。每次实训完毕必须先退出系统，进行管理后再重新打开。

五、过程测评

任务七过程测评见表 1-7。

表 1-7　任务七过程测评

<table>
<tr><th>考核项目</th><th colspan="2">考核要求</th><th>配分</th><th colspan="2">评分标准</th><th>扣分</th><th>得分</th><th>备注</th></tr>
<tr><td>任务接线操作</td><td colspan="2">1. 正确给控制屏上主电路、电源输出和实训装置的 4 台水泵间接线
2. 正确给变频器和实训装置间接线
3. 正确给实训装置和压力变送器、继电器间接线</td><td>40</td><td colspan="2">1. 错、漏接线扣 2 分
2. 接线违背操作规范扣 4 分</td><td></td><td></td><td></td></tr>
<tr><td>夜间休眠模式下的供水</td><td colspan="2">1. 做好系统投运前的测试工作
2. 按照操作步骤完成任务
3. 熟悉夜间休眠模式下的供水操作
4. 会设置系统时间</td><td>55</td><td colspan="2">1. 没有正确进行投运前测试扣 5 分
2. 操作混乱，没按操作步骤一一执行扣 3 分
3. 没有完成夜间休眠模式下的供水操作（每个步骤完成有误或没有完成各扣 2 分）
4. 不会设置系统时间扣 2 分</td><td></td><td></td><td></td></tr>
<tr><td>安全生产</td><td colspan="2">自觉遵守安全文明生产规程</td><td>5</td><td colspan="2">遵守不扣分，不遵守扣 5 分</td><td></td><td></td><td></td></tr>
<tr><td>时间</td><td colspan="2">2h</td><td></td><td colspan="2">超过额定时间，每 5min 扣 2 分</td><td></td><td></td><td></td></tr>
<tr><td>开始时间</td><td></td><td colspan="2">结束时间</td><td></td><td>实际时间</td><td colspan="3"></td></tr>
<tr><td>成绩</td><td colspan="8"></td></tr>
</table>

任务八　消防状态控制

一、任务目标

（1）熟悉变频恒压供水系统中消防泵的控制过程；

（2）理解消防状态最高优先级的实际意义。

二、任务准备

（1）HYBAHY–1 型变频恒压供水系统实训装置；

（2）计算机一台（力控组态软件一套）。

三、任务原理

消防状态控制是依靠外部中断信号来控制消防泵与常规泵和休眠泵之间的状态切换。系统的消防状态在系统的各种状态中具有最高优先级，当消防信号发生时，系统其他状态均停止，即无论系统是处于正常的白天供水状态，还是夜间供水状态，系统强制将其切换到消防状态，只用于控制消防水泵工作。消防泵以工频状态工作，提供最大的消防水压力。消防泵起动后，消防信号消失也不会停止消防泵的工作，只有当控制系统重新运行后，消防状态才可以复位。

四、任务操作

参照任务一做系统投运前的测试工作以及自动控制接线工作，检查系统工作状态，各泵运转正常后，按如下步骤操作：

（1）将总电源和 PLC 电源打开（PLC 上电后进入监视状态），并将“手动 / 自动开关”拨到“自动”状态。

（2）打开生活供水系统总阀门和该供水系统所有支路阀门，消防供水阀门保持关闭状态。

（3）运行上位机系统，在任务二中测得的压力范围内设置需求压力（参考数值为 50~100kPa 之间）。

（4）设定运行时间和管网压力，系统会自动调整变频器输出，常规泵 1 变频运行，当前管网压力达到需求压力值，且基本稳定不变时，变频器将稳定在一个固定的频率值，系统进入稳定运行状态。

（5）系统稳定后，将火警信号开关打开（将开关量输入 UI1A 与开关量输入 UI1B 短接），内部按钮也短接。

（6）系统立即起动消防泵，并停止所有的常规变频泵，进入消防状态，系统消防状态灯闪烁。

（7）消防泵起动后，尽快打开消防用水阀，以防止消防泵长时间堵转。

（8）断开火警信号后，按“停止”按钮，消防泵停止工作。关闭控制电源后，再重新上电，系统恢复到初始状态。消防状态下必须人工恢复。

（9）休眠状态下的消防泵起动可以参照以上步骤，在进入休眠状态后打开消防信号进行实验，这里不再赘述。

注意：上面的参数设置只是给出的一般参考数值，实验者请根据不同的阀门数量具体设置相关参数；每次实训完必须先退出系统，进行管理后再重新打开。

五、过程测评

任务八过程测评见表 1-8。

表 1-8　任务八过程测评

考核项目	考核要求	配分	评分标准	扣分	得分	备注
任务接线操作	1. 正确给控制屏上主电路、电源输出和实训装置的 4 台水泵间接线 2. 正确给变频器和实训装置间接线 3. 正确给实训装置和压力变送器、继电器间接线	40	1. 错、漏接线扣 2 分 2. 接线违背操作规范扣 4 分			
消防状态控制	1. 做好系统投运前的测试工作 2. 按照操作步骤完成任务 3. 熟悉消防状态控制操作	55	1. 没有正确进行投运前测试扣 5 分 2. 操作混乱，没按操作步骤一一执行扣 3 分 3. 没有完成消防状态控制操作（每个步骤完成有误或没有完成各扣 2 分）			
安全生产	自觉遵守安全文明生产规程	5	遵守不扣分，不遵守扣 5 分			
时间	2h		超过额定时间，每 5min 扣 2 分			
开始时间		结束时间		实际时间		
成绩						

任务九　综合控制系统操作

一、任务目标

（1）了解楼层供水动力系统的设计原则；

（2）熟悉变频恒压供水系统的整个控制流程。

二、任务准备

（1）HYBAHY-1 型变频恒压供水系统实训装置；

（2）计算机一台（力控组态软件一套）。

三、任务原理

动力系统的临界压力点是系统控制水泵上切和下切的分界点，它是在一定的管道结构下单台水泵能够提供的最大压力点。最大压力点是动力系统中用于维持压力恒定的所有水泵在一定的管道结构下、同时工作在工频状态下，所能够提供的最大压力。动力系统临界压力点和最大压力点是设计楼层供水系统的两个关键参数，根据楼层高度和用水流量，准确估算系统的需求压力。

在选择动力系统的功率和扬程时，将常规状态下的需求压力设计在临界点与最高压力之间，系统就能够稳定可靠地运行。若将需求压力设置在临界点以下，另一台常规水泵就可以作为备用泵使用；应避免需求压力太接近临界点，否则系统容易反复切换水泵，造成系统不稳定；同样，如果设置的需求压力超过最高压力点，系统就达不到控制要求。

四、任务操作

参照任务一做系统投运前的测试工作以及自动控制接线工作，检查系统工作状态，各泵运转正常后，根据自己要准备打开和关闭阀门的数量来准确找出临界点和最大压力点，然后设置合适的需求压力、休眠压力及休眠偏差容限，这样才可以成功地完成任务。具体操作如下：

（1）将总电源和 PLC 电源打开（PLC 上电后进入电脑监视状态），并将“手动 / 自动开关”拨到“手动”状态。

（2）打开生活供水系统总阀门和该供水系统所有支路的阀门，消防供水阀门保持关闭状态。

（3）手动起动常规泵 1。

（4）运行上位机系统，读取当前的管网压力，记下该压力数值，即临界压力点（如 130~150kPa）；然后再手动起动常规泵 2，记下此时的压力，即为最大压力点（如 46~50kPa）。

（5）假设在休眠状态时，2~5 层的生活用水阀关闭，1、6 层开。在此状态下手动起动休眠泵（其他泵关闭），测出休眠压力（如 20~45kPa）。

（6）将“手动 / 自动开关”拨到“自动”状态。

（7）将生活供水阀门全部打开，消防供水阀门保持关闭状态，并根据上面测量的数据，设置系统的需求压力为 100kPa，观察系统工变频间的切换。

（8）设置好启动时间和压力以后，系统会定时启动自动调整变频器输出，常规泵 1 变频运行到 50Hz 后，经过大约 3s 的判断时间，常规泵 1 投入工频运行，在经过 2s 常规泵 2 号变频从 0Hz 变频起动，当前管网压力达到需求压力，且基本稳定不变时，变频器将稳定在一个固定的频率值。

（9）系统稳定后，逐渐减小用水量（关闭 2~5 层生活供水阀门），使变频器运行频率下降为 0Hz，观察水泵下切过程。

（10）进入休眠时间后，休眠泵起动，系统进入休眠状态。

（11）将消防报警按钮按下，打开火警信号（或将开关量输入“UI1A”与“UI1B”短接，模拟火警信号），系统将进入消防状态，起动消防泵。停止生活变频泵 2s 后打开生活泵给消防增压。

（12）断开火警信号后，单击“停止”按钮，消防泵停止工作。

（13）关闭控制器电源后，再重新上电，系统恢复到初始状态。

注意：上面的参数设置只是给出的一般参考数值，实验者请根据不同的阀门数量具体设置相关参数。每次实训完必须先退出系统，进行管理后再重新打开。

五、过程测评

任务九过程测评见表 1-9。

表 1-9　任务九过程测评

考核项目	考核要求	配分	评分标准	扣分	得分	备注
任务接线操作	1. 正确给控制屏上主电路、电源输出和实训装置的 4 台水泵间接线 2. 正确给变频器和实训装置间接线 3. 正确给实训装置和压力变送器、继电器间接线	40	1. 错、漏接线扣 2 分 2. 接线违背操作规范扣 4 分			
综合控制系统操作	1. 做好系统投运前的测试工作 2. 按照操作步骤完成任务 3. 熟悉消防状态控制操作 4. 会设置压力需求值	55	1. 没有正确进行投运前测试扣 5 分 2. 操作混乱，没按操作步骤一一执行扣 3 分 3. 没有完成综合控制系统操作（每个步骤完成有误或没有完成各扣 2 分）			
安全生产	自觉遵守安全文明生产规程	5	遵守不扣分，不遵守扣 5 分			
时间	2h		超过额定时间，每 5min 扣 2 分			
开始时间		结束时间		实际时间		
成绩						

复习思考题

（1）如何进行单泵控制变频恒压供水？
（2）如何进行双泵切换变频恒压供水？
（3）如何实现生活供水系统静态压力控制？
（4）如何实现生活供水系统动态压力控制？
（5）如何实现生活供水系统的分时控制？
（6）如何实现夜间休眠模式下的供水？
（7）怎样进行消防状态控制？
（8）如何进行综合控制系统操作？

项 目 二

安防报警及监控系统操作与实训

项目目标

（1）认识安防报警及监控系统，了解安防报警及监控系统的基本结构；

（2）掌握安防报警及监控系统的使用和维护；

（3）能利用实验设备完成安防报警及监控系统的操作实训。

相关知识

一、安防报警及监控系统概述

HYBCAF–2 型安防报警及监控系统实验装置主要由防盗报警和闭路电视监控系统两部分组成，如图 2-1 所示。其中防盗报警系统作为技术安全防范的最重要措施之一，它广泛应用于仓库、银行、写字楼和住宅小区等工建与民建领域。闭路电视监控系统是根据建筑物安全技术防范管理的需要，对必须进行监控的场所、部位、通道等进行实时、有效的视频探测、视频监控、视频传输、显示和记录，并具有报警和图像复核功能。

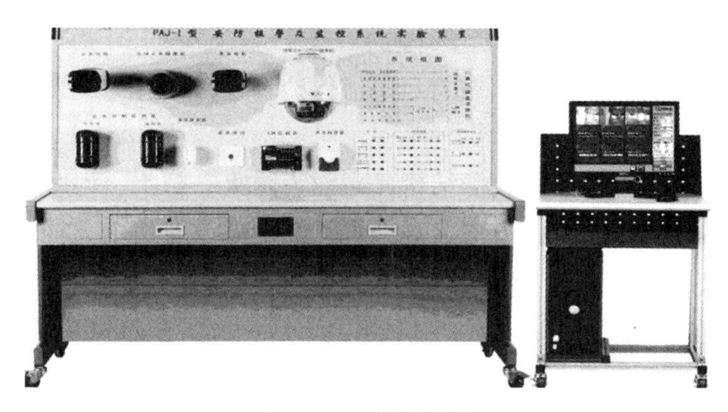

图 2-1　实验装置图

HYBCAF-2 型安防报警及监控系统实验装置（LON 总线型）是依据目前建筑电气、楼宇智能化专业的实训内容精心设计的综合实训装置。该装置结合当前安防领域的先进技术和 Lonworks 总线技术，配备多种类型摄像机（如一体化摄像机、彩色摄像机等）、硬盘录像机（视频采集卡）、主动或被动红外探测器等，不仅具有防盗报警的功能，还实现了闭路监控系统的图像捕捉、传输、控制、图像处理和显示等功能，整个系统稳定可靠、简单易学，适合教学实训使用。

1. 系统特点

1）系统采用 Lonworks 现场总线，其技术先进，在工程上应用较多，具有较高的使用价值；

2）系统采用的视频采集卡是当前监控系统的典型应用产品，可实现闭路电视监控系统的图像捕捉、图像传输、联动控制、图像处理、图像记录等功能；

3）监控设备先进，如采用视频采集卡、监视器、多种类型的摄像机以及 LON 控制器等；

4）整个系统监控与防盗一体，因而具有较大的实用价值。

2. 技术参数

（1）实训台工作电源：AC 220（1 ± 10%）V，50Hz；

（2）工作环境：环境温度范围为 –20~45℃，相对湿度＜ 85%；

（3）外形尺寸：1580mm × 700mm × 1800mm；

（4）安全保护：具有漏电自动保护装置。

3. 实训项目

（1）设备及接线认识；

（2）镜头调试实训；

（3）系统设防、撤防处理实训；

（4）硬盘录像操作；

（5）系统故障检测与处理实训；

（6）数字监控网络实训。

4. 控制屏（铁质双层亚光密纹喷塑结构）

交流电源：单相 220V，50Hz，带有过电流保护装置。

5. 实训桌

实训桌为铁质双层亚光密纹喷塑结构，桌面为防火、防水、耐磨高密度板，结构坚固，形状似长方体封闭式结构，造型美观大方；实训桌设有两个大抽屉、柜门，分别用于放置工具、存放挂件及资料等。桌面用于安装电源控制屏并提供一个宽敞舒适的工作台面。实训桌还设有 4 个万向轮和 4 个固定调节机构，便于移动和固定。

6. 视频采集卡

视频采集卡可分别设置编码的帧格式（I、B、P 帧序列）、图像质量和码率、视频

信号的亮度、色度、对比度，并能支持运动检测，兼容 PCI 2.2 规范；视频压缩的标准：H.264，压缩比极高，图像质量好；视频输入：4 路复合视频信号；支持制式：PAL、NTSC，多种分辨率。

输出码率：32~1000kbit/s（CIF）；70~4500kbit/s（4CIF）。语音压缩标准：Ogg Vorbis，4 路语音线路输入，16kHz 采样率。输出码率为 16kbps，支持视频监控软件的开发，并提供 VC++ 演示样例。

7. 一体化摄像机

电动变焦彩色摄像机，具有内置光学变焦（Zoom Lens）及电子变焦镜头（Digital Lens）功能，480 线以上的水平分辨率，最低照度 0.02lx，可设置区域背光补偿及适应多种光照条件的背光补偿，动态探测，48dB 优质信噪比（S/N），屏幕显示菜单。三种可选白平衡控制方法为自动追踪白平衡、自动白平衡控制、手动（R/B 增益控制）控制。广播系统为 PAL 标准彩色系统。成像装置为 1/4in（1in=25.4mm）日本索尼公司超级 HAD CCD；有效像素为 752 × 582；供电电压为直流 12（1 ± 10%）V。

8. LON 控制器

LON 控制器采用 Lonworks 现场总线技术与外界进行通信，具有网络布线简单、易于维护等特点。它完成对开关量信号的采集，并且对开关量设备进行控制，具有 5 路开关量输入端口，可采集不同电平的开关量信号，并可通过软件将其配置成直接输入、延时输入、触发输入、计时、计数、测频率等模式；具有 5 路开关量输出端口，可提供无源常开和常闭触点，且可以手动强制输出按钮及输出指示。控制器内部可集成多种软件功能模块，并提供基于 Plugin 技术的标准配置程序，可方便地对其进行配置。通过配置，可使控制器内部各软件功能模块任意组合，相互作用，从而实现了各种逻辑运算与算术运算的功能。

二、系统器件功能概述

1. 安防监视系统的组成

一般闭路电视监控系统是由摄像部分、传输分配部分、控制部分、图像处理与显示部分 4 部分组成。

（1）摄像部分的作用是把系统所监视的目标，即被摄物体的光、声信号变成电信号，然后送入系统的传输部分进行传送，该部分主要设备有枪式摄像机、半球形摄像机、无线摄像机和红外摄像机。

（2）传输分配部分的作用是将摄像机输出的视频信号馈送到中心机房或其他监视点，该部分主要包括同轴电缆和连接端子。

（3）控制部分的作用是在中心机房通过有关设备对系统的摄像和传输分配的设备进行远距离遥控，该部分主要包括云台和云台控制器。

（4）图像处理与显示部分是指对系统传输的图像信号进行切换、记录、重放、加工和复制，显示部分则使用监视器进行图像重现，该部分主要包括硬盘录像机和监视器。

2. 安防监视系统的作用

（1）摄像机：把系统所监视的目标，即被摄体的光、声信号变成电信号。

（2）4 路监控视频采集卡：利用计算机中的硬盘，把视频和音频信号记录下来，并可重放，且具有丰富的数字信号处理功能。

视频采集卡的功能详述如下。

1）录像与回放。

①支持假日配置功能。

②支持循环写入和非循环写入两种模式。

③支持定时和事件两套压缩参数。

④录像触发模式包括手动、定时、报警、移动侦测、动测或报警、动测且报警等。

⑤每天可设定 8 个录像时间段，不同时间段的录像触发模式可独立设置。

⑥支持移动侦测录像、动测且报警录像、动测或报警录像的预录及延时，定时和手动录像的预录。

⑦支持按事件（报警输入、移动侦测）查询录像文件。

⑧支持标签自定义，按标签查询和回放录像文件。

⑨支持录像文件的锁定和解锁。

⑩支持按通道号、录像类型、文件类型、起止时间等条件进行录像资料的检索和回放。

⑪支持对录像文件中的指定区域进行移动侦测动态分析。

⑫支持回放时对任意区域进行局部电子放大。

⑬支持回放时的暂停、快放、慢放、前跳、后跳，支持鼠标拖动定位。

⑭支持录像文件倒放。

2）资料备份。

①支持按文件进行批量备份。

②支持回放时进行剪辑备份。

③支持备份设备的管理与维护。

（3）云台一体摄像机：能扩大监视范围，可控制云台的上下左右运动。

（4）监视器：实现对摄像机的图像信号监视、控制室的图像监视、线路信号的监视等。

（5）连接端子：为线路连接实训提供各单元接线口（使用端子进行线路连接时，请务必将各故障设置开关关闭）。

（6）总电源控制开关：控制系统的电源通断（实训结束后，请务必切断电源）。

（7）故障设置开关：用于切断相应单元的连接。

3. 系统故障的设置

系统控制屏右侧设计多点线路故障设置，通过故障设置开关可以模拟一个线路故障，通过实训台相对应的端口进行实训导线连接来排除故障。故障有网络故障、视频故障、电源故障、报警信号故障等。通过故障现象分析判断故障原因并及时排除故障。

技能训练

任务一　安防报警及监控系统软件操作

一、任务目标

（1）熟悉软件操作步骤；

（2）掌握实训装置与软件的联动控制操作。

二、任务准备

（1）HYBCAF-2 型安防报警及监控系统实验装置（LON 总线型）；

（2）计算机一台（配力控组态软件一套）。

三、任务操作

1. 安防监控系统的启动

（1）确认计算机采集卡与设备后端用视频导线连接，通过串口与设备连接，打开计算机如图 2-2 所示。

图 2-2　计算机桌面

（2）单击 启动预先安装到计算机中的数据库 OPC，如图 2-3、图 2-4 所示。

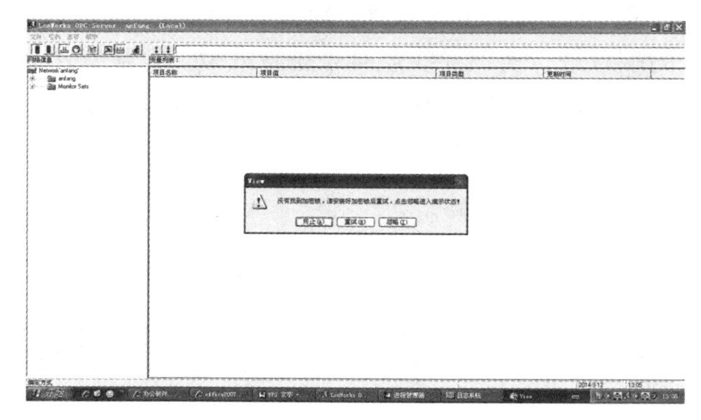

图 2-3　启动界面

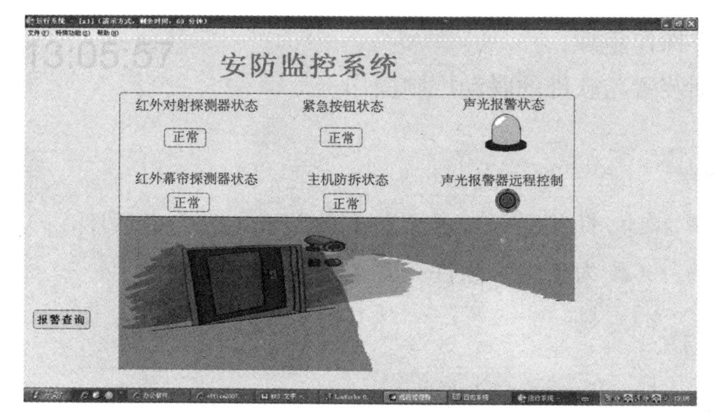

图 2-4　系统运行界面

此时各探测器实时报警信号上传至监控页面，单击报警查询，可查询报警记录。

2. 视频监控软件启动

（1）单击 启动预先安装在计算机中的视频监控软件，如图 2-5、图 2-6 所示。

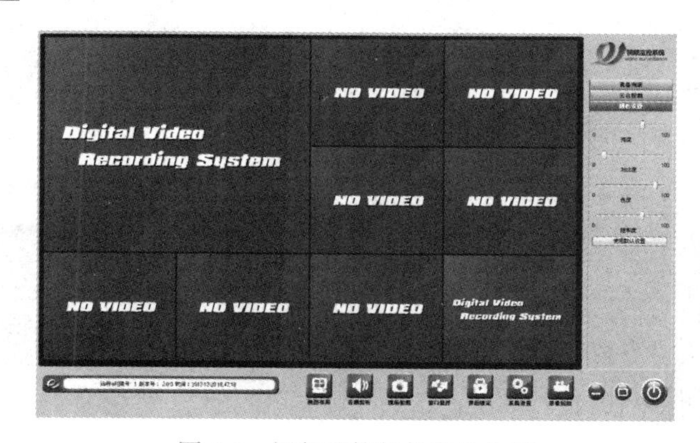

图 2-5　视频监控软件启动界面

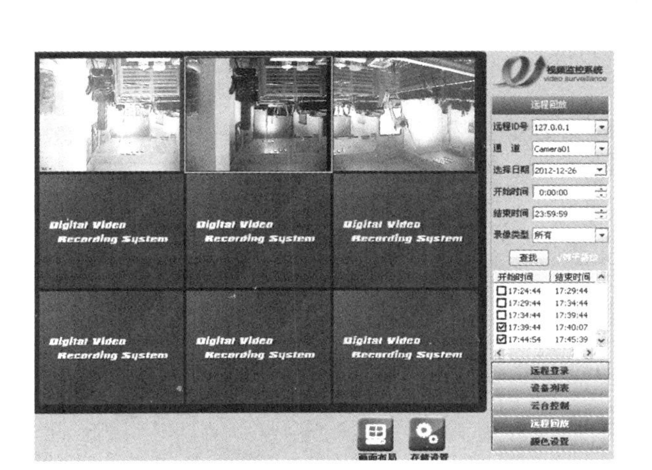

图 2-6　视频监控软件运行界面

页面说明：

拖动亮度、色度、对比度、饱和度按钮，在左边的视频预览窗口可以看到设置的效果，调整到最佳效果。若无法调试到理想的效果，可单击使用默认设置，回到程序初始设置状态。

（2）移动侦测设置如图 2-7 所示。

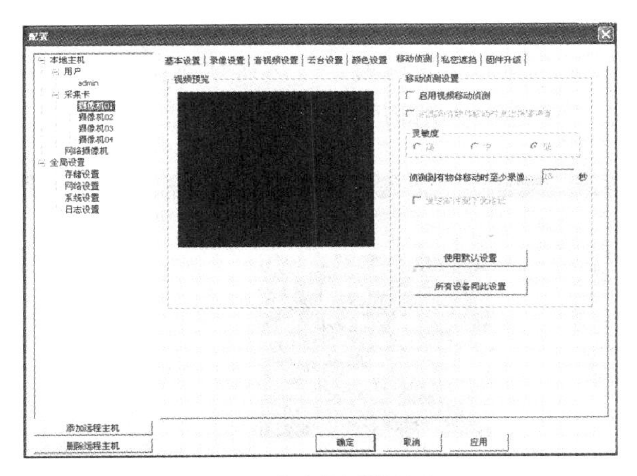

图 2-7　移动侦测设置窗口

页面说明：

此设置常用于无人值守监控录像和自动报警。通过摄像头按照不同帧率采集得到的图像会被 CPU 按照一定算法进行计算和比较，当画面有变化时，如有人走过、镜头被移动，计算比较结果得出的数字会超过阈值并指示系统能自动做出相应的处理。

启用移动侦测将自动启动系统的动态侦测录像，也就是说画面有运动物体将激活录像，其中高灵敏度代表一个很小尺寸的变化，比如树叶运动也会激活移动侦测，而中灵敏度代表只有较大物体运动才能激活录像。

（3）私密遮挡设置如图 2-8 所示。

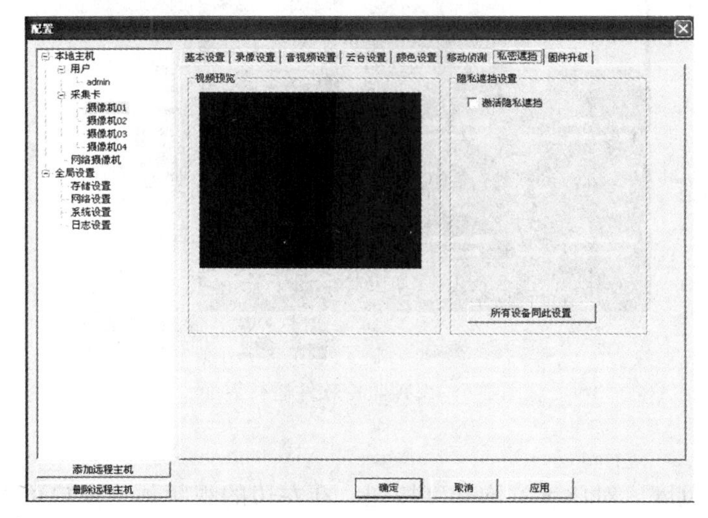

图 2-8　私密遮挡设置窗口

页面说明：

遮挡功能又称区域保护功能，能够同时设定多个监控保护区域，摄像机能绕过保护区域进行监控。保护人们的隐私信息，在某些特殊场合进行监控，非常有必要。

使用方法为按住鼠标左键拖动光标覆盖住你所要遮挡的地方，松开左键后勾选“激活私密遮挡”后，单击“应用”按钮即可，如图 2-9 所示。

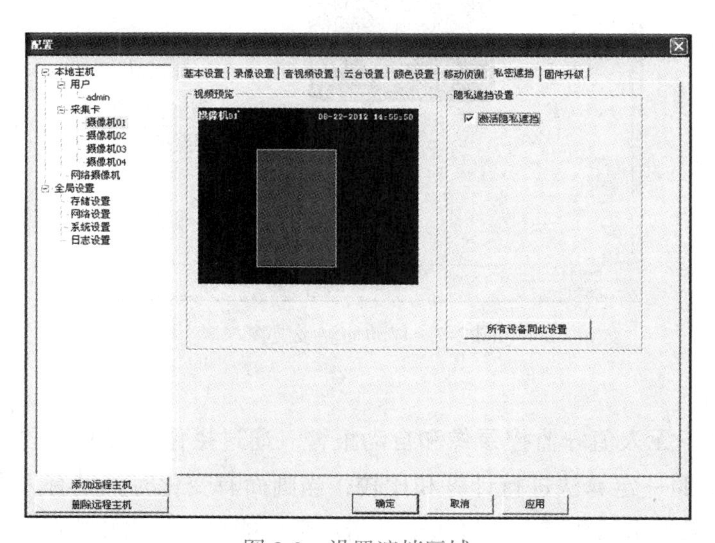

图 2-9　设置遮挡区域

（4）固件升级设置如图 2-10 所示。

（5）存储设置如图 2-11 所示。

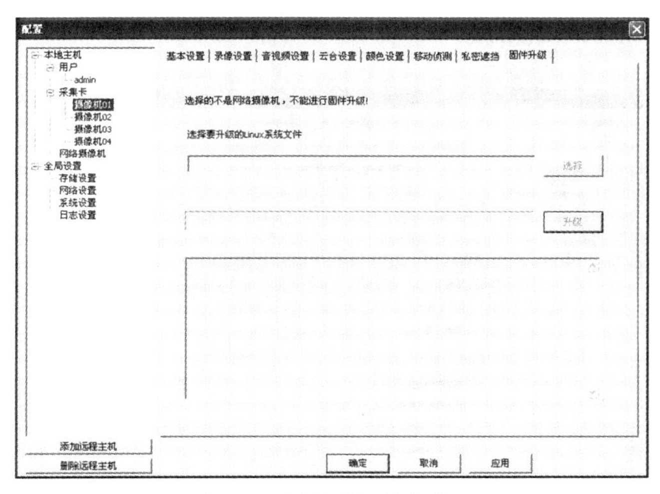

图 2-10　固体升级操作窗口

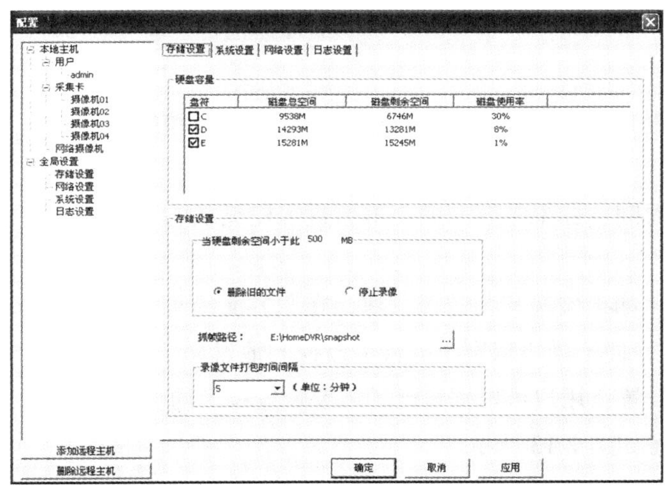

图 2-11　存储设备操作窗口

（6）硬盘设置。选择左边树型控件的全局设置→网络设置 / 系统设置 / 存储设置，进入到相应的设置页面进行设置。系统支持硬盘循环录像，在需要用来存储视频的磁盘序号上打钩，如果同时勾选几个磁盘序号，那么 DVR 系统会先存储第一个序号磁盘，当第一个磁盘满了，自动走到下一个磁盘录像存储。

（7）存储设置。用户可以设置磁盘存储空间少于 200MB，也可以自己设置这个空间大小，还可以根据摄像机的台数设置相应大小，建议设置 2048MB。当所有选择磁盘空间剩余空间为目标大小时，DVR 系统将根据用户设置删除旧的文件或者停止录像，做出相应的操作。录像文件存储在磁盘根目录下的文件夹里。

（8）抓帧。抓取视频里的某一帧把它保存成一张静态的图片（或称截图），默认保存路径为 HomeDVR\snapshot，用户也可以自由设置。

（9）系统设置如图 2-12 所示。

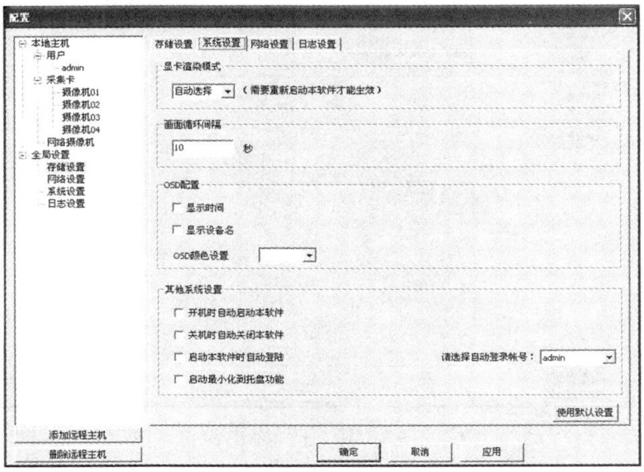

图 2-12　系统设置操作窗口

页面说明：

1）显卡渲染设置：用户可根据计算机显卡配置设置相应的参数，以达到更好的视频效果。

2）画面循环时间：如果主界面的小屏幕进入轮循状态，这个时间是所有小屏幕画面切换时间。

3）OSD 配置：如果勾选其各选项，那么在主界面的每个小屏幕上都会显示对应设备的名字和当前时间，便于用户识别小屏幕上监控的地点。

4）其他系统设置：用户可根据自己的需要设置相应的功能。

（10）网络设置如图 2-13 所示。

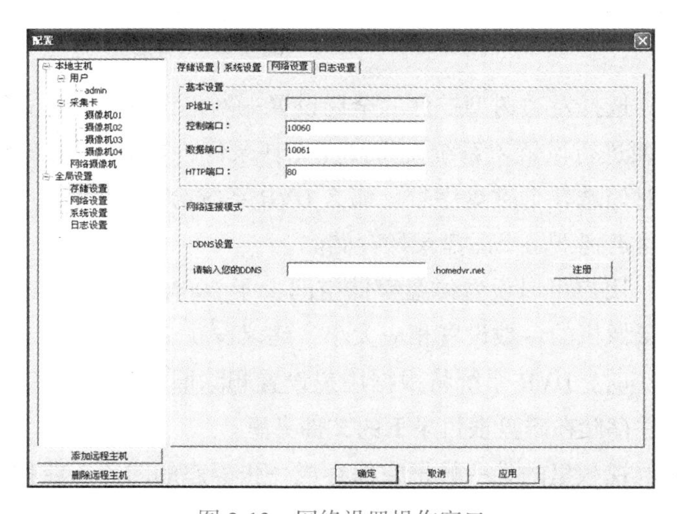

图 2-13　网络设置操作窗口

页面说明：

1）基本设置：HTTP 端口为服务器程序提供网络服务时的通信端口，如无特殊需要请不要改变。控制端口和数据端口用于服务器程序与客户端程序之间通信，使用客户端或 IE 端连接时，请保证两者端口设置相同。

2）DDNS（动态域名）设置：自带域名服务器 www. homedvr. net，提供域名服务。如果没有注册域名服务，请单击“注册”按钮进行注册。域名注册成功后，可以使用域名进行远程访问。使用域名服务时，请确保网络畅通。

（11）日志设置如图 2-14 所示。

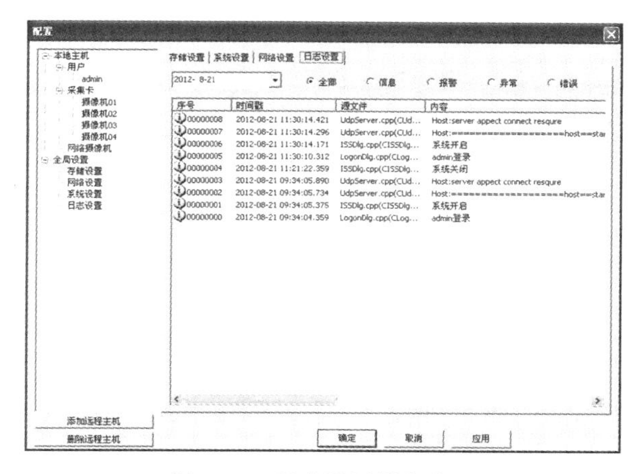

图 2-14　日志设置操作窗口

页面说明：

查看指定日期的系统运行日志，包括系统运行期间发生的报警、异常、错误等。选择你所要查找的日期，日志类型即可找到。

（12）用户设置如图 2-15 所示。

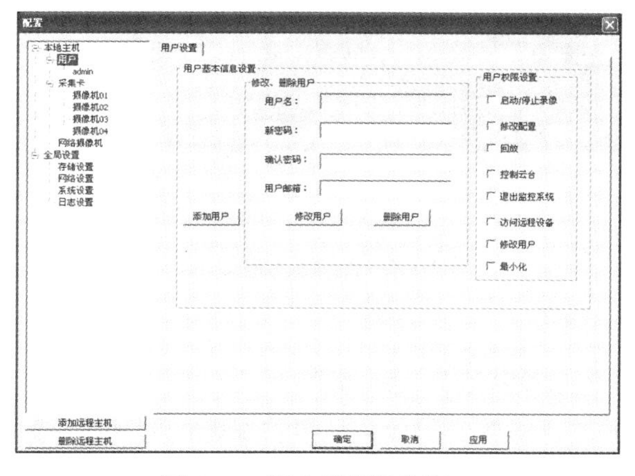

图 2-15　用户设置操作窗口

页面说明：

第一次使用软件的用户请进入该项设置，添加用户并进行用户权限设置，防止普通用户使用管理员账号登录更改设置，造成不必要的损失。管理员拥有增加、删除、管理用户等最高权限。单击界面右侧中间的“添加用户”按钮，给当前系统增加用户，输入新增用户的用户名、密码、确认密码，对当前新增用户增加相关描述信息，如安全部经理、保安队长、保安等，最后输入用户邮箱（可选），如果当前新增操作员有用户邮箱，建议填写，报警时可向该邮箱发送图片等报警信息。

例如添加了一个新用户 kairui，单击“确定”按钮后重新打开配置，就能在用户列表中看到用户 kairui，如图 2-16 所示。

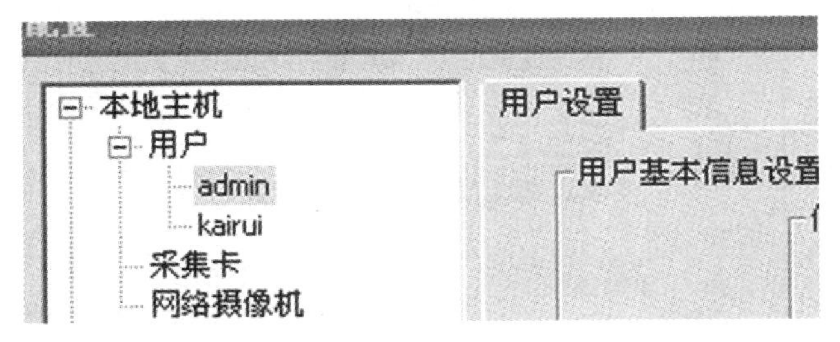

图 2-16　用户设置操作窗口

删除用户时，选中不需要的用户名，单击界面右侧的“删除用户”按钮删除该用户。添加了用户或更改设置后，需要单击“应用”按钮才能保存设置。

（13）录像回放操作如图 2-17 所示。

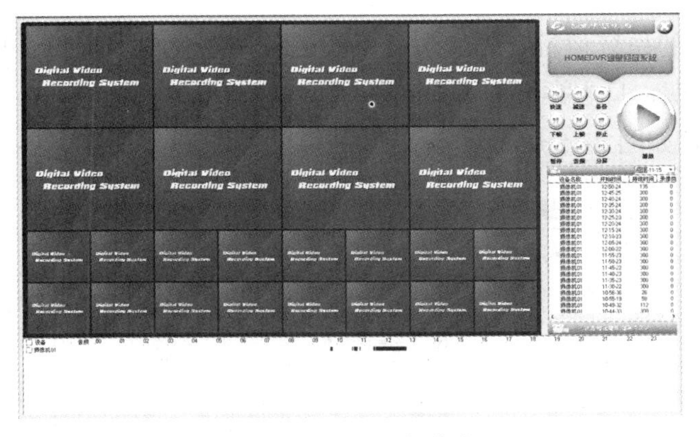

图 2-17　录像回放操作窗口

页面说明：

录像资料显示，蓝色条纹代表持续录像文件，红色条纹代表动态移动侦测录像文件。

回放录像，先选择需要回放的摄像头，再将绿色的时间柄拖动到需要观看的时间段即可播放。页面下方可以勾选多台摄像机，如图 2-18 所示，同时回放多台摄像机的录像。

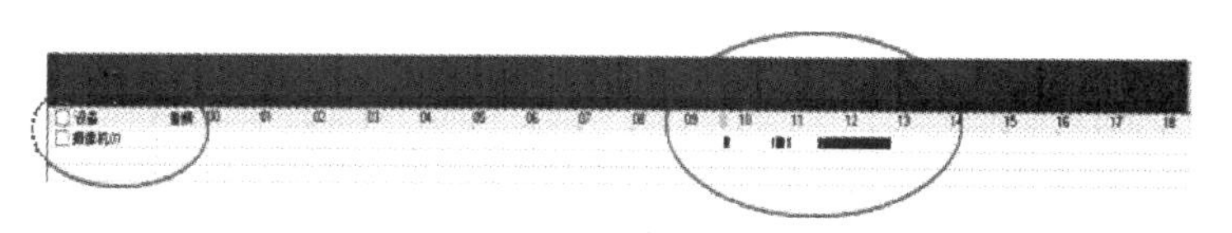

图 2-18　选择回放设备

如图 2-19 所示，圈中功能分别为播放、快速、慢速、备份、下帧、上帧、停止、暂停、音频、分屏等。单击所要控制的录像，再单击执行以上命令即可。

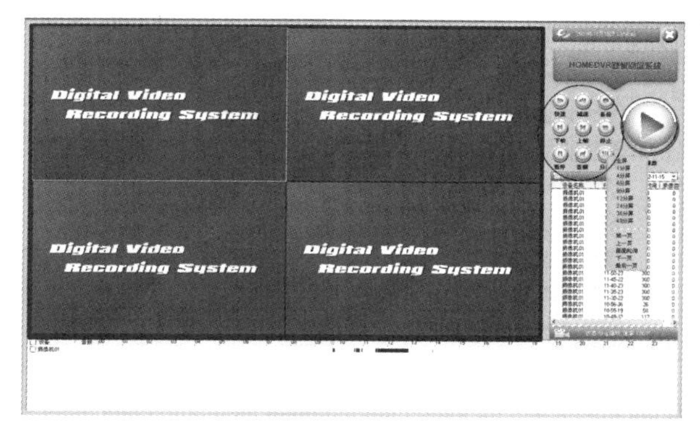

图 2-19　录像操作窗口

分屏按钮的功能分别为：第一页、上一页、窗口轮询、下一页、最后一页。

窗口轮询即自动跳动到下一页窗口，无限循环。

（14）分控端界面如图 2-20 所示。

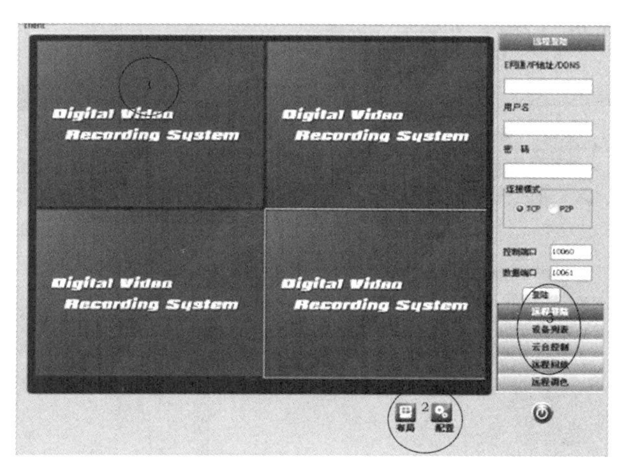

图 2-20　分控端界面操作窗口

页面说明：

播放窗口：用于显示视频和窗口控制。

布局：用于设置布局及录像保存路径。

功能列表：用于远程登录、设备列表、云台控制、远程回放、远程调色。

（15）远程登录设置。

输入要远程登录的 E 网通 /IP 地址 /DDNS，用户名、密码默认为 admin，控制端口号为 10060，数据端口号为 10061。

1）设备列表如图 2-21 所示。

2）远程登录窗口如图 2-22 所示。

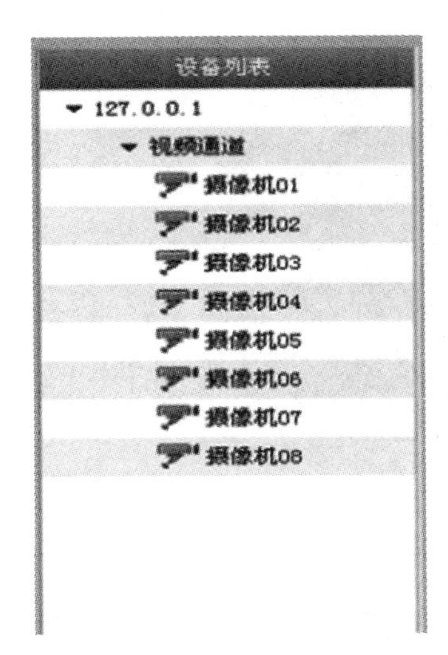

图 2-21　设备列表

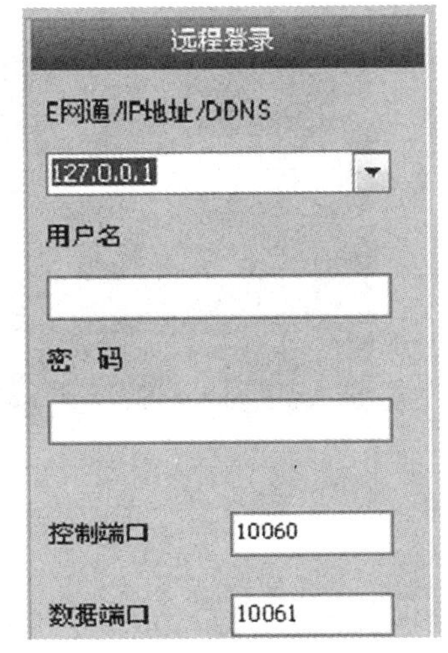

图 2-22　远程登录窗口

3）云台控制如图 2-23 所示。

4）远程回放设置如图 2-24 所示。

图 2-23　云台控制窗口

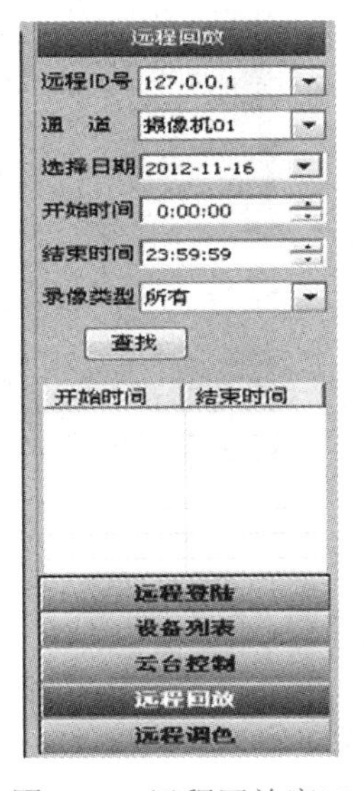

图 2-24　远程回放窗口

5）远程调色，对画面颜色进行控制，如图 2-25 所示。

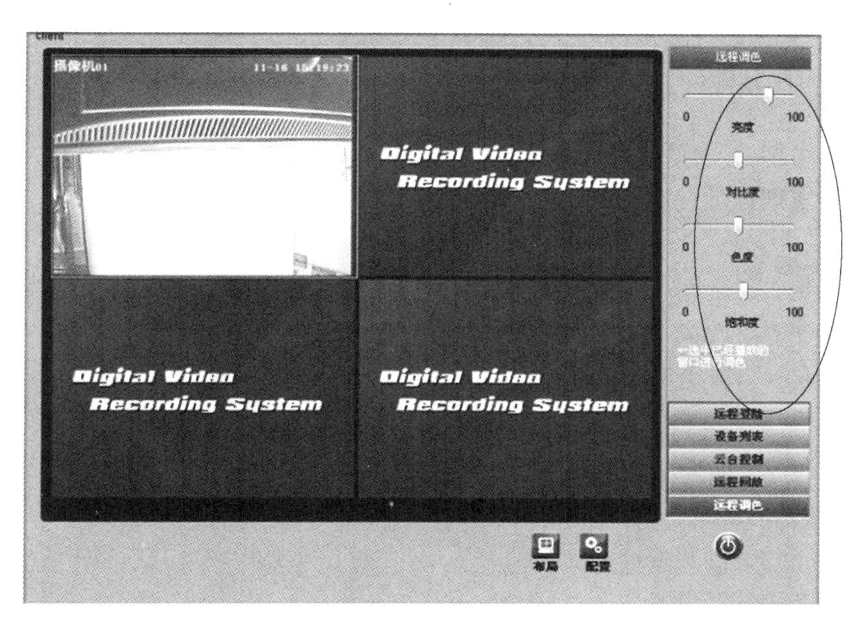

图 2-25　远程调色窗口

四、过程测评

任务一过程测评见表 2-1。

表 2-1　任务一过程测评

<table>
<tr><th>考核项目</th><th colspan="2">考核要求</th><th>配分</th><th colspan="2">评分标准</th><th>扣分</th><th>得分</th><th>备注</th></tr>
<tr><td>安防报警及监控系统的启动</td><td colspan="2">正确启动安防报警及监控系统软件</td><td>40</td><td colspan="2">1. 没有操作前导线连接检查扣 3 分
2. 启动失败扣 5 分</td><td></td><td></td><td></td></tr>
<tr><td>视频监控软件操作</td><td colspan="2">1. 正确启动视频监控软件
2. 熟悉移动侦测、私密遮挡、固件升级、存储设置、硬盘设置、抓帧、系统设置的操作
3. 熟悉网络设置、日志设置、用户设置、录像回放、分端控、远程登录的操作</td><td>55</td><td colspan="2">1. 操作混乱，没按操作步骤一一执行扣 3 分
2. 不会操作移动侦测、私密遮挡、固件升级、存储设置、硬盘设置、抓帧、系统设置、网络设置、日志设置、用户设置、录像回放、分端控、远程登录（每个步骤操作有误或没有完成各扣 2 分）</td><td></td><td></td><td></td></tr>
<tr><td>安全生产</td><td colspan="2">自觉遵守安全文明生产规程</td><td>5</td><td colspan="2">遵守不扣分，不遵守扣 5 分</td><td></td><td></td><td></td></tr>
<tr><td>时间</td><td colspan="2">2h</td><td></td><td colspan="2">超过额定时间，每 5min 扣 2 分</td><td></td><td></td><td></td></tr>
<tr><td>开始时间</td><td></td><td colspan="2">结束时间</td><td></td><td>实际时间</td><td colspan="3"></td></tr>
<tr><td>成绩</td><td colspan="8"></td></tr>
</table>

任务二 IE 浏览器远程访问

一、任务目标

（1）熟悉借助 IE 浏览器进行远程访问操作；
（2）掌握实训装置与软件的联动控制操作。

二、任务准备

（1）HYBCAF-2 型安防报警及监控系统实训装置（LON 总线型）；
（2）计算机一台（力控组态软件一套）。

三、任务操作

（一）远程访问设置

一般情况下打开网页便会自动安装 ActiveX 控件，如果特殊情况不能正常安装，请按照以下方法调整浏览器设置。

（1）打开 IE 浏览器。

（2）单击“工具”→“Internet 选项”，如图 2-26 所示。

图 2-26 “Internet 选项”操作窗口

（3）单击“安全”选项卡，选中 Internet 后单击“自定义”级别，如图 2-27 所示。

图 2-27　选择“自定义”级别

（4）找到下载未签名的 ActiveX 控件，如图 2-28 所示，勾选“启用”，再单击“确定”按钮。

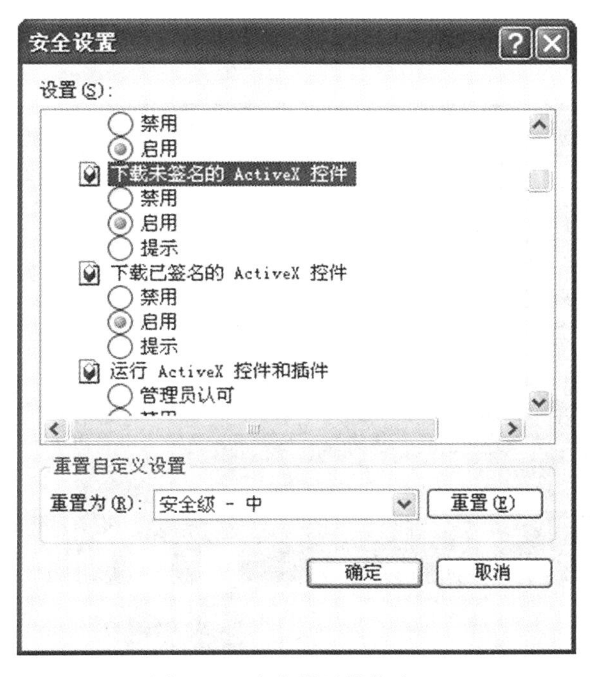

图 2-28　安全设置操作窗口

（5）登录 http：//www.homedvr.net/。

（6）找到地址栏下方（紧贴着地址栏）的阻止方框，右击安装此控件，等待 5min 即可，打开后的视频监控系统远程访问界面如图 2-29 所示。

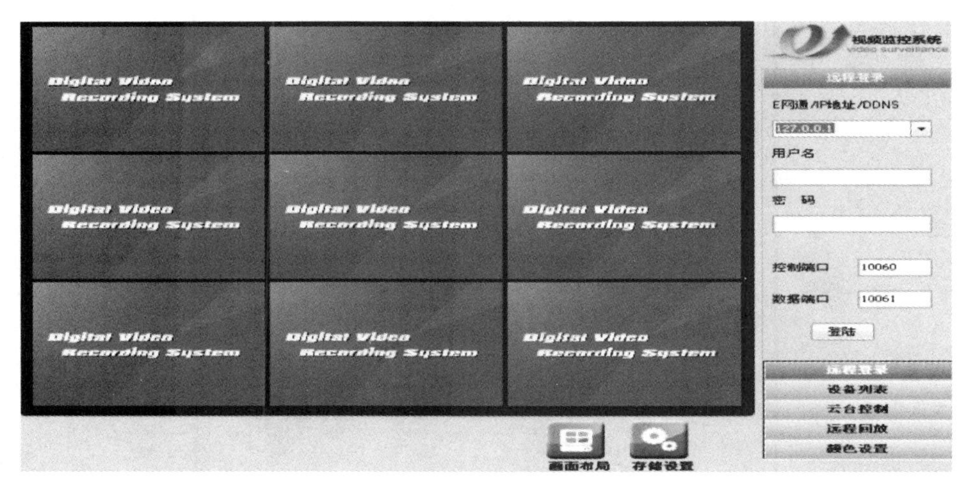

图 2-29 视频监控系统远程访问界面

（7）输入要远程登录的 E 网通 /IP 地址 /DDNS。

用户名、密码默认为 admin，要保持网络畅通。控制端口为 10060，数据端口为 10061。

（二）IE 远程控制功能介绍

视频监控系统远程访问界面如图 2-30 所示。

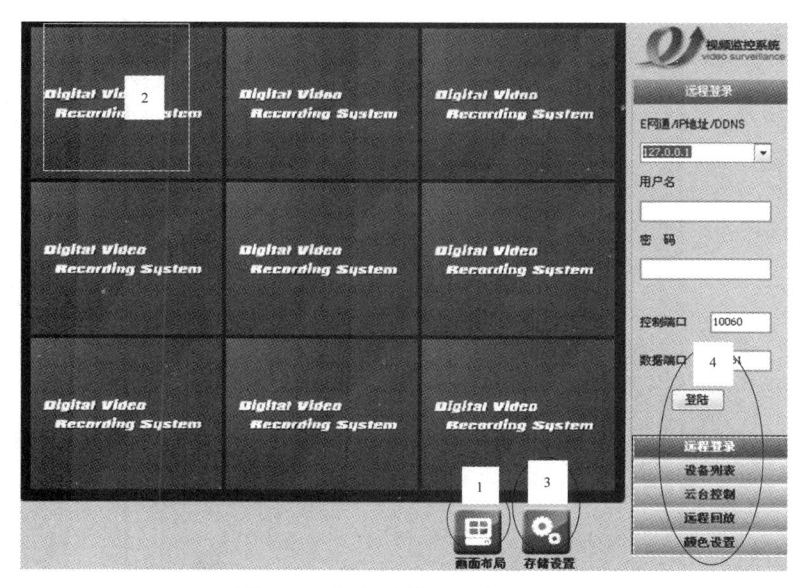

图 2-30 视频监控远程访问界面

页面说明：

1）分屏按钮：分别为 1、4、9、16 分屏；

2）播放窗口：显示视频和窗口控制；

3）配置（保存路径）：录像和截图；

4）功能列表：操作和调试视频。

（1）右键视频画面如图 2-31 所示。

1）抓帧（截图）；

2）全屏。

（2）选择设备列表如图 2-32 所示。

图 2-31　右键视频画面

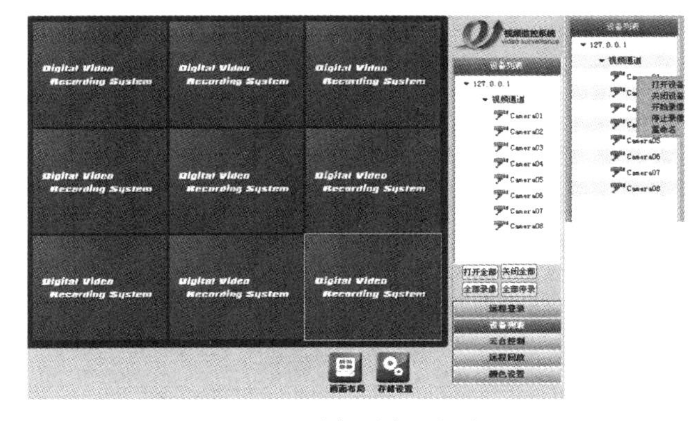

图 2-32　设备列表选择窗口

（3）手动录像。选择手动录像，系统将停止自动录像控制，用户可以通过设备列表界面的通道控制面板进行手动录像控制。

（4）云台控制如图 2-33 所示。

可调节云台的聚焦、变倍、光圈等。

（5）远程回放如图 2-34 所示。

图 2-33　云台操作窗口

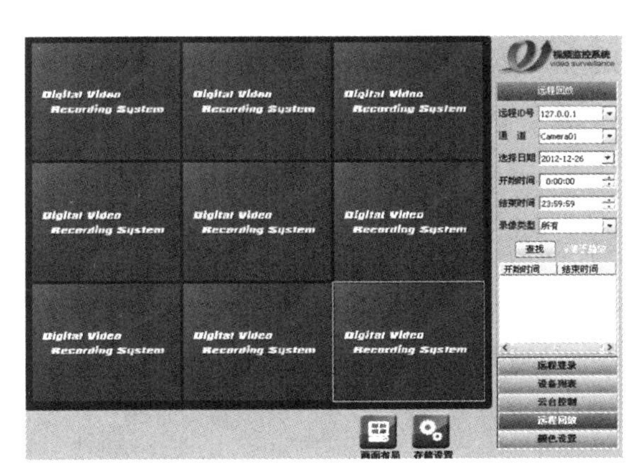

图 2-34　远程回放操作窗口

页面说明：

选择填写远程 ID 号、通道、选择日期、开始时间、结束时间、录像类型，完成后单击“查找”按钮，等待 1~2s 后出现如图 2-35 所示查找列表。

所查找的录像如图 2-36 所示，单击选中录像即可播放，去除勾选即停止播放。

图 2-35　查找列表

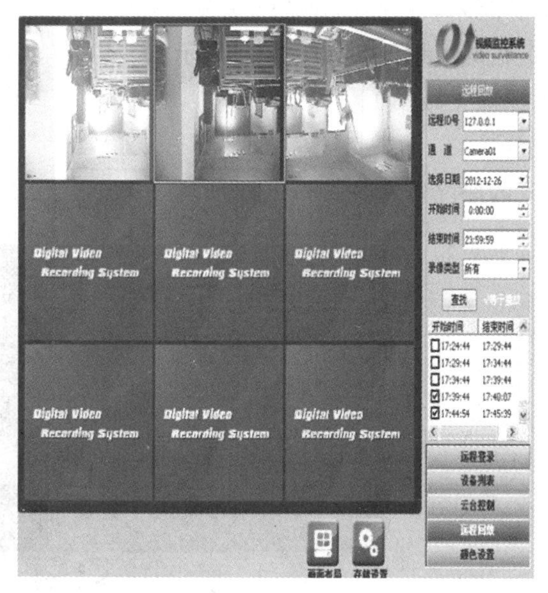

图 2-36　查找录像操作窗口

（6）远程调色如图 2-37 和图 2-38 所示。

图 2-37　远程颜色设置选项

图 2-38　远程调色效果

页面说明：

拖动“亮度”“色度”“对比度”“饱和度”滑动条，在左边的视频预览窗口可以看到设置的效果，调整到最佳效果后，单击“应用”按钮，应用此设置。

单击所要调色的摄像头，按住鼠标左键拖动窗口右侧的“调色”滑动条，然后松开，等候 1s 就可以看到调色效果了。

四、过程测评

任务二过程测评见表 2-2。

表 2-2　任务二过程测评

考核项目	考核要求	配分	评分标准	扣分	得分	备注
任务设备操作	1. 正确安装软件 2. 正确登录软件	40	1. 安装软件失败扣 3 分 2. 软件登录失败扣 3 分			
IE 浏览器远程访问	熟练进行 IE 浏览器远程访问操作	55	1. 操作混乱，没按操作步骤一一执行扣 3 分 2. 不会操作手动录像、云台控制、远程回放、远程调色（每个步骤操作有误或没有完成各扣 3 分）			
安全生产	自觉遵守安全文明生产规程	5	遵守不扣分，不遵守扣 5 分			
时间	2h		超过额定时间，每 5min 扣 2 分			
开始时间		结束时间		实际时间		
成绩						

任务三 手机远程访问

一、任务目标

（1）熟悉手机远程访问操作流程；

（2）掌握实训装置与软件的联动控制操作。

二、任务准备

（1）HYBCAF–2 型安防报警及监控系统实验装置（LON 总线型）；

（2）Android 手机或 Java 手机或 Apple 手机一部。

三、任务操作

1. Android 手机

（1）连接网络。

（2）打开浏览器，登录 http：//www.homedvr.net/。

（3）单击安卓手机版系统安装软件，下载并且安装。

（4）打开安装完的系统软件 Work_02。

（5）输入所要远程登录的 IP/ 动态域名 / 网络 ID，用户名为 admin，密码为 admin（双方必须保持网络畅通）。

（6）登录成功后将会显示出所有的摄像通道，单击你所要监控的通道即可。

2. Java 手机

（1）连接网络。

（2）打开浏览器，登录 http：//www.homedvr.net/。

（3）单击 Java 手机版系统安装软件，下载并且安装。

（4）打开安装完的系统软件 Work_02。

（5）输入所要远程登录的 IP/ 动态域名 / 网络 ID，用户名为 admin，密码为 admin（双方必须保持网络畅通）。

（6）登录成功后将会显示出所有的摄像通道，单击你所要监控的通道即可。

3. Apple 手机

（1）连接网络。

（2）打开浏览器，登录 http：//www.homedvr.net/。

（3）单击 iPhone 手机版系统安装软件，下载软件。

（4）将手机与计算机连接，下载并安装一个手机助手软件，如 iTunes。

（5）打开 iTunes 软件，在其中选中我的手机，单击应用程序，如图 2-39 所示。

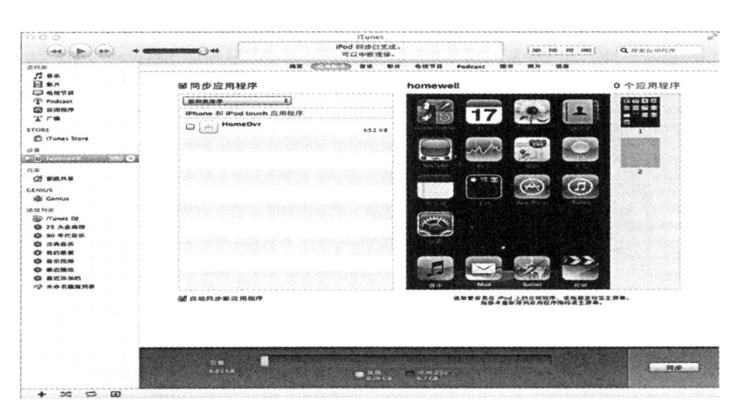

图 2-39　Apple 手机远程操作窗口

（6）将下载好的 HomeDvr 软件拖动到手机助手软件界面，如图 2-40 所示。

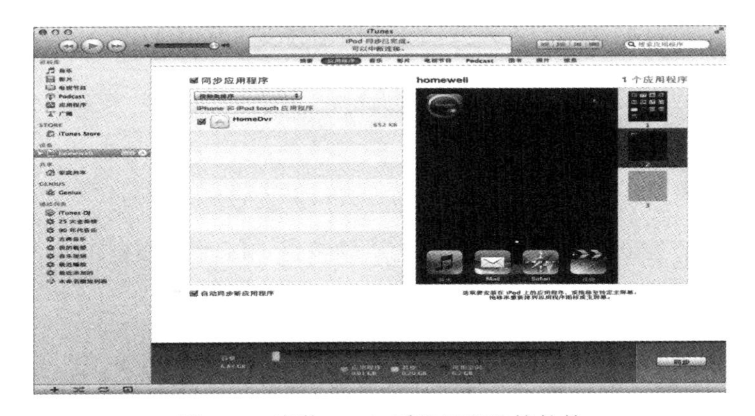

图 2-40　安装 Apple 手机远程监控软件

（7）选中 HomeDvr 软件，双击，即可将远程手机监控软件安装好。

（8）打开安装好的软件 HomeDvr。

（9）输入所要远程登录的 IP/ 动态域名 / 网络 ID，用户名为 admin，密码为 admin（双方必须保持网络畅通）。

（10）登录成功后将会显示出所有的摄像通道，单击所要监控的通道即可。

四、过程测评

任务三过程测评见表 2-3。

表 2-3　任务三过程测评

考核项目	考核要求	配分	评分标准	扣分	得分	备注
手机与监控系统连接操作	正确操作手机与监控系统互联	95	1. 软件 work 安装失败扣 3 分 2. 登录软件失败扣 3 分 3. 手机没有显示监控画面扣 5 分			

（续）

考核项目	考核要求	配分	评分标准	扣分	得分	备注
安全生产	自觉遵守安全文明生产规程	5	遵守不扣分，不遵守扣 5 分			
时间	1h		超过额定时间，每 5min 扣 2 分			
开始时间		结束时间		实际时间		
成绩						

任务四 QQ 远程访问

一、任务目标

（1）熟悉 QQ 远程访问操作流程；

（2）掌握实训装置与软件的联动控制操作。

二、任务准备

（1）HYBCAF-2 型安防报警及监控系统实验装置（LON 总线型）；

（2）QQ 软件，且需要一个 QQ 号与摄像机关联。

三、任务操作

（1）打开主监控如图 2-41 所示。

图 2-41 主监控操作窗口

（2）右击窗口，选择“输出到流媒体”选项，如图 2-42 所示。

（3）打开 QQ 软件进行系统设置，如图 2-43 所示。

（4）进行音视频设置，如图 2-44 所示。

图 2-42　监控操作

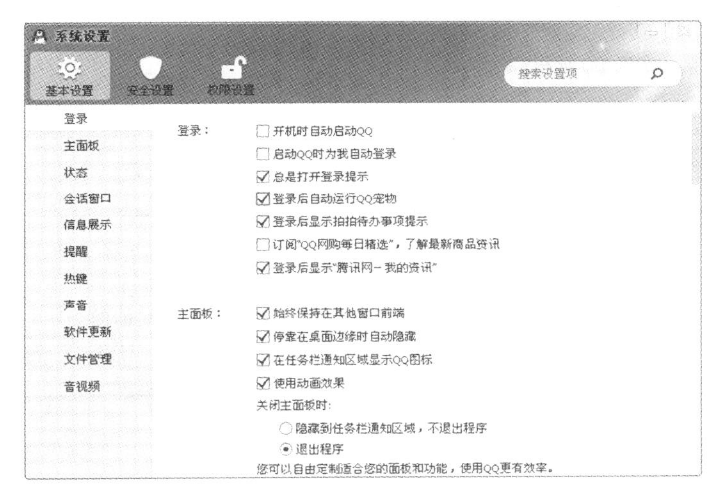

图 2-43　QQ 系统设置窗口

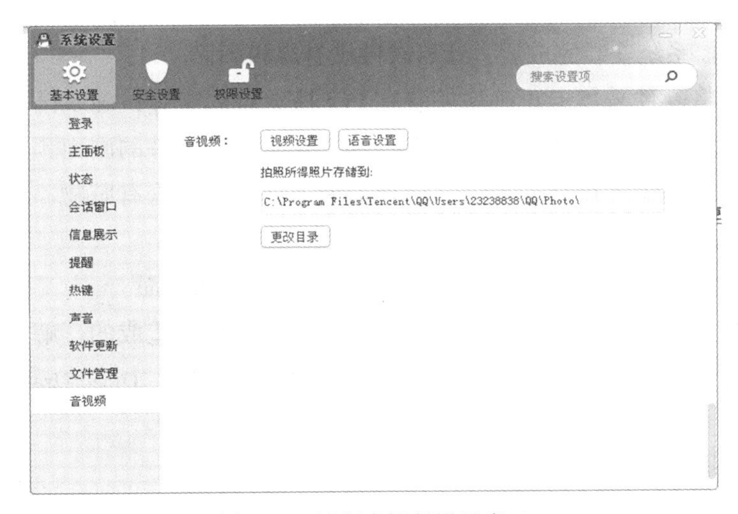

图 2-44　进行音视频设置窗口

选择“视频设置”，你会发现视频设备里面多了 USB 采集卡这个摄像头设备，它就是与采集卡关联的设备。

（5）远程 QQ。选择 QQ 好友发起语音视频聊天，QQ 好友就可以看到你的摄像机画面了。

注意：安装主监控软件时要关闭 QQ，否则 QQ 远程功能不可用。

四、过程测评

任务四过程测评见表 2-4。

表 2-4　任务四过程测评

考核项目	考核要求	配分	评分标准	扣分	得分	备注
手机与安防报警及监控系统连接操作	正确操作实现 QQ 远程监控	95	1. 不会 QQ 系统设置扣 5 分 2. 找不到“输出到流媒体”扣 3 分 3. 没有实现 QQ 远程访问扣 5 分			
安全生产	自觉遵守安全文明生产规程	5	遵守不扣分，不遵守扣 5 分			
时间	1h		超过额定时间，每 5min 扣 2 分			
开始时间		结束时间		实际时间		
成绩						

疑问解答

（1）安防监控系统安装完成后，运行软件没有视频画面。

答：请确认将硬件采集卡正确地安装在 PCI 槽上且固定好；确认已成功安装了板卡对应驱动；请确认连接的摄像头正常工作。打开安防监控软件的画面预览选项。如还是无画面，请关闭计算机，拔出采集卡，检查板卡插接部位是否有脏物，用橡皮擦、纸巾擦拭干净，清理插槽，再将采集卡插入进行测试。

（2）运行软件没有任何错误提示，但是主界面没有视频画面。

答：出现此种情况是由于显卡没有安装正确的驱动程序造成的。解决这个问题，需要单击“设置”→“系统设置”，在上方的渲染模式里面选择“DirectDraw”，重新启动软件就可以了。

（3）主界面不能将整个显示屏幕覆盖。

答：目前安防监控系统支持 16 种分辨率，分别是 800×600、1024×768、1280×600、

1280×720、1280×728、1280×800、1280×960、1280×1024、1360×768、1366×768、1440×900、1600×900、1600×1200、1680×1050、1920×1080、1920×1200；如果不是这16种分辨率，软件将分辨率自动切换到1024×768。所以推荐使用以上16种分辨率，以便软件达到最佳显示效果。

（4）磁盘满了以后不能录像。

答：使用1.21.09以前的软件安装版本有可能出现这样的问题，请使用1.21.09或以后版本的安装软件。

（5）使用E网通无法远程访问。

答：E网通目前采用TCP连接方式来实现，所以必须保证安装采集卡主机所连接的路由器开启了UPNP功能，并且重新启动软件，等待1min便可。

如果路由器的UPNP已经开启，请确保路由器的DMZ主机已经关闭，并且确保没有任何手工的端口映射或者虚拟服务器占用了10060、10061端口，避免和UPNP自动映射产生冲突。完成这些操作后，请重新启动软件并等待1min便可。

如果路由器不支持UPNP映射，这个时候就需要手工添加端口映射，规则是将10060、10061两个端口的TCP协议映射到路由器的10060、10061端口即可。

如果上述方法都无法实现远程访问，请检查路由器的WAN口IP地址和ip.qq.com的IP地址是否一致，如果不一致，只能使用UDP的穿透模式（即P2P）才可以实现互联。

复习思考题

（1）怎样操作安防监控系统软件？

（2）如何抓取视频里的一帧并将它存成一张静态图片？

（3）怎样看监控回放？

（4）如何控制云台？

（5）怎样进行IE浏览器远程控制？

（6）怎样进行手机远程访问？

项目三

热水供暖循环系统操作与实训

项目目标

（1）认识热水供暖循环系统，熟悉热水供暖循环系统的原理及组成；

（2）能正确使用和维护该系统；

（3）能利用实训设备完成热水供暖的实训操作；

（4）掌握热水供暖系统在楼宇自动化中的应用。

相关知识

一、系统概述

1. 设备系统原理概述

（1）系统按供、回水方式的不同，采用单管系统和双管系统。

（2）单管系统热水经供水立管或水平供水管顺序流过多组散热器，并顺序地在各散热器中冷却。

（3）双管系统热水经供水立管或水平供水管平行地分配给多组散热器，冷却后的回水从每个散热器直接沿回水立管或水平回水管流回热源的系统。

2. 系统组成

热水供暖循环系统综合实验装置如图 3-1 所示。

该系统主要由智能电热水锅炉、供热管道和散热片三个基本部分组成，并设有膨胀水箱、循环水泵、热量表、自力式压差控制阀、电磁阀、自动排气阀、温度采集模块、压力采集等附属设备，可组成单管顺流式、单管跨越式、双管上供下回式三种不同的系统形式。它适用于高职院校、职业学校空调工程专业、供热通风和建筑专业等相关课程的教学实训。

热水供暖循环系统综合实验装置由电气控制柜、实训对象、循环水系统、电加热锅炉、监控仪表等几部分组成。

（1）电气控制柜采用铁质双层亚光密纹喷塑结构，结构坚固。前门采用透明设计，可观察到指示仪表、操作旋钮、PLC 控制器、系统流程图、执行部件工作指示、交流接触器及热保护器等控制元件。电气控制柜共分为三层铁质面板，最上层为电网电压指示、压缩机电流指示、水泵电流指示、带灯熔断器、操作旋钮，以及温度、压力、流量等指示仪表；第二层为执行器件，主要由交流接触器、过热保护器组成，主回路以三相四线 380V 电压为主，控制回路以交流 220V 电压为主；最下层为 PLC 控制器及系统流程图，PLC 控制器由西门子 224 主机、EM231 模拟量扩展模块、EM223 数字量扩展模块及对应执行部件工作状态指示灯等组成。

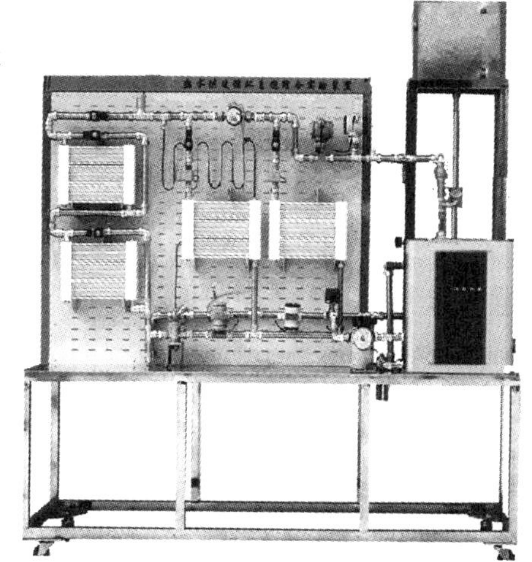
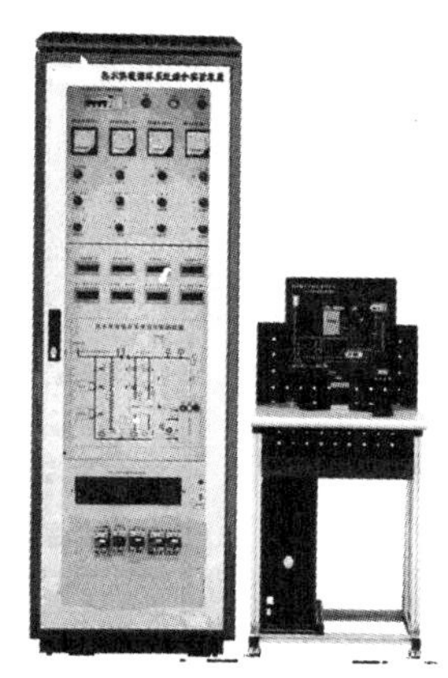

图 3-1　热水供暖循环系统综合实验装置

（2）实训对象采用不锈钢方钢焊接而成，桌面采用镜面不锈钢板折边连体设计，上半部分安装部分采用钣金结构设计，表面采用等距一字形网孔设计，方便管路及散热器的安装固定，同时右侧最高处设立开式补水箱，并装有透明管液位指示，以方便观察水箱水位状态。

（3）循环水系统包括 1 台小型离心式热水泵、4 套散热器、1 套自力式压差控制阀、5 个电磁阀、2 个电动球阀、2 个手动球阀、若干三通过滤器、若干不锈钢铝塑复合管及自动排气阀等组成。

（4）电加热锅炉采用不锈钢外壳设计，内设 3 组陶瓷电加热棒，带有过压保护阀、指针式压力表和排水阀等。

（5）监控仪表由压力变送器、涡轮流量变送器、温度传感器和无磁式热量表等组成。

3. 技术性能

（1）输入电源：三相四线 AC380（1 ± 10%）V，50Hz；

（2）工作环境：温度 −10~40℃，相对湿度＜ 85%（25℃），海拔高度＜ 4000m；

（3）装置容量：＜ 10kV · A；

（4）不锈钢架尺寸：2200mm × 700mm × 2090mm；

（5）控制柜尺寸：600mm × 600mm × 2250mm；

（6）设有电压型漏电保护、电流型漏电保护、接地保护，安全要求符合相关国家标准。

二、系统原理图及器件

1. 管网原理图

热水供暖循环系统综合实验装置的管网原理图如图 3-2 所示。

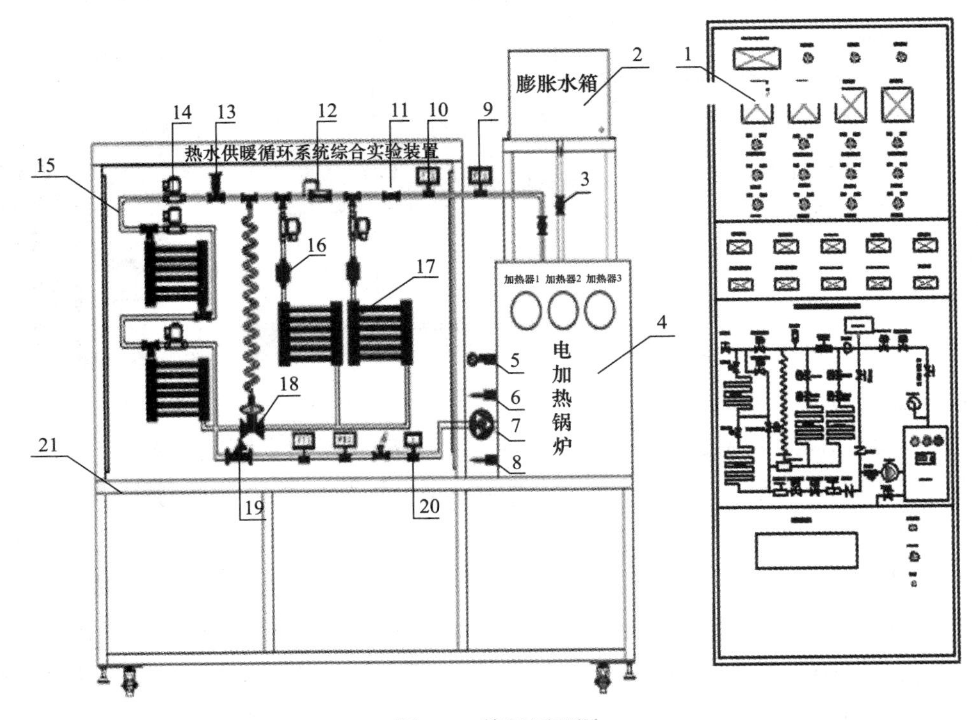

图 3-2 管网原理图

1—监控代表 2—膨胀水箱 3—手动球阀 4—电加热锅炉 5—锅炉压力表 6—锅炉安全阀
7—循环水泵 8—锅炉排污阀 9—压力传感器 10—水流传感器 11—无磁式热量表 12—温度传感器
13—自动排气阀 14—电磁阀 15—供热扩展阀 16—手动调节阀 17—散热器及温度传感器
18—压差控制阀 19—三通过滤器 20—回水温度传感器 21—不锈钢台

2. 器件概述及作用

（1）电磁阀：主要用于控制用户干管的开启与关闭；

（2）膨胀水箱：是一个钢板焊制的容器，有各种大小不同的规格；

膨胀水箱上通常接有以下管道：

1）膨胀管：它将系统中因加热膨胀所增加的水转入膨胀水箱（和回水干道相连接）。

2）溢流管：用于排出水箱内超过规定水位的水。

3）信号管：用于监控水箱内的水位。

4）循环管：当水箱和膨胀管发生冻结时，用来将水循环利用（在水箱的底部中央位置，和回水干道相连接）。

5）排污管：用于排污。

6）补水阀：与箱体内的浮球相连，水位低于设定值则接通阀门补充水。为安全起见，膨胀管和溢流管上不允许安装任何阀门。

膨胀水箱用于闭式水循环系统中，起到了平衡水量及压力的作用，避免安全阀频繁开启和自动补水阀频繁补水。膨胀管除起到容纳膨胀水的作用外，还能起到补水箱的作用。膨胀管充入氮气，能够获得较大容积来容纳膨胀水，高、低压膨胀管可利用本身压力并联向稳压系统补水。本装置各点控制均为连锁反应，自动运行，压力波动范围小，安全、可靠且节能。

（3）热能表的特点：温度传感器采用高精度 PT100 保证测量精度，采用进口 TI 公司生产的 MSP430 低功耗芯片，其计量精准、稳定性高、外形美观、安装方便、功能完善。

主要参数见表 3-1：

1）准确度：3 级；

2）温度测量范围：4~94℃；

3）温差测量范围：3~75℃；

4）工作压力：≤ 1.6MPa；

5）环境等级：A 级环境（室内安装）；

6）通信方式：RS485、M–BUS 总线、红外通信等。

表 3-1　热能表主要参数

参数 \ 型号	RLJ–20	RLJ–25
公称通径	20mm	20mm
过载流量	$5m^3/h$	$5m^3/h$
常用流量	$2.5m^3/h$	$2.5m^3/h$
分界流量	$0.25m^3/h$	$2.5m^3/h$
最小流量	$0.05m^3/h$	$0.05m^3/h$
表体长度	110mm	110mm

技能训练

任务一　热水供暖循环系统的手动操作与调试

一、任务目标

（1）熟悉热水供暖循环系统操作步骤；

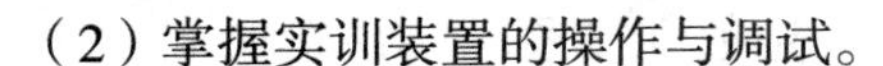

（2）掌握实训装置的操作与调试。

二、任务准备

（1）热水供暖循环系统综合实验装置一台；
（2）计算机一台（力控组态软件一套）。

三、任务操作

1. 操作步骤

（1）初次使用本设备时请务必把膨胀水箱水位加满，到水位柱高水位，以免电加热锅炉缺水干烧而损坏。

（2）确认打开补水球阀，关闭出水球阀、供热扩展阀，启动控制柜电源总开关，将“手动 / 自动开关”拨至“手动”状态（初始运行时可打开循环泵，让水充分充满锅炉以免干烧而损坏）。

（3）打开电磁阀 3、电磁阀 4、电磁阀 5，3 号散热器可通过手动热量调节开关 1 来调节温度，4 号散热器可通过手动热量调节开关 2 来调节温度。

（4）确保 1 号、2 号调节阀在手动状态下，打开电磁阀 1 和电磁阀 2，此时可通过手动控制来控制 1 号散热器和 2 号散热器的温度。

（5）观察控制柜各散热器的温度变化与进出水温度的变化。

（6）在手动状态下，加热电锅炉右侧电源开关应关闭，可通过控制柜手动开关来控制，也可用系统电加热锅炉来控制。

本系统锅炉默认加温到 50℃，循环泵默认为 50℃自动运行，默认温差 10℃启动加热器，如需重新设定温度请按照锅炉的操作手册进行。

2. 调试

（1）温度调节阀 1 调节。

确认调节阀 1 和调节阀 2 拨至手动，打开“电磁阀 1”，置于“开”状态时，测试“温度调节阀 1”开度分别为大、中、小时的累计水量、散热器供回水温度、温差（均为热量表的读数）及室温，将测量数据填入表 3-2。若系统流量小，累计热量（散热器散热量）无法读出，各表中的散热量均用式 3-1 计算得出。若系统流量大，而热负荷相对较小，则供回水温差小。

$$Q=GC(t_g-t_h) \tag{3-1}$$

式中 Q——散热器的散热量，单位为 W；

G——流经散热器的热媒流量，单位为 kg；

C——热媒的比热容，单位为 J/kg℃；（水的比热容为 4.186 J/kg℃）；

t_g——散热器的供水温度，单位为℃；

t_h——散热器的回水温度，单位为℃。

表 3-2 实验数据表

温度调节阀 1	累计水量 G/m^3	供水温度 t_g/℃	回水温度 t_h/℃	供回水温差 Δt/℃	室温 t_n①/℃	散热器散热量 Q/W	供暖热能 H/J
大							
中							
小							

①室温 t_n 可视为散热器表面温度。

（2）温度调节阀 2 调节。

确认调节阀 1 和调节阀 2 拨至手动，打开“电磁阀 2”，置于“开”状态时，测试“温度调节阀 2”开度分别为大、中、小时的累计水量、散热器供回水温度、温差（均为热量表的读数）及室温，将测量数据填入表 3-3。若系统流量小，累计热量（散热器散热量）无法读出，各表中的散热量均用式 3-1 计算得出。若系统流量大，而热负荷相对较小，则供回水温差小。

表 3-3 实验数据表

温度调节阀 2	累计水量 G/m^3	供水温度 t_g/℃	回水温度 t_h/℃	供回水温差 Δt/℃	室温 t_n/℃	散热器散热量 Q/W	供暖热能 H/J
大							
中							
小							

（3）关闭调节阀 1，打开调节阀 2 进行温度调节。

关闭“电磁阀 1”，“电磁阀 2”置于“开”状态时，测试“温度调节阀 2”的开度分别为大、中、小时的累计水量、散热器供回水温度、温差（均为热量表的读数）及室温，将测量数据填入表 3-4。

表 3-4 实验数据表

温度调节阀 2 开度	累计水量 G/m^3	供水温度 t_g/℃	回水温度 t_h/℃	供回水温差 Δt/℃	室温 t_n/℃	散热器散热量 Q/W
大						
中						
小						

（4）关闭调节阀 2，打开调节阀 1 进行温度调节。

关闭“电磁阀 2”，“电磁阀 1”置于“开”状态时，测试“温度调节阀 1”的开度分别为大、中、小时的累计水量、散热器供回水温度、温差（均为热量表的读数）及室温，将测量数据填入表 3-5。

表 3-5　实验数据表

温度调节阀 1 开度	累计水量 G/m^3	供水温度 t_g/℃	回水温度 t_h/℃	供回水温差 Δt/℃	室温 t_n/℃	散热器散热量 Q/W
大						
中						
小						

（5）调节散热器 3、4。

打开“电磁阀 3”“电磁阀 4”“电磁阀 5”，“温度调节阀 1”“温度调节阀 2”“球阀 2”都置于“开”状态时，改变供水温度，设定系统供水温度分别为 60℃、50℃、40℃，待系统稳定后测试回水温度、供回水温差及室温，将测量数据填入表 3-6。

表 3-6　实验数据表

供水设定温度 /℃	累计水量 G/m^3	供水温度 t_g/℃	回水温度 t_h/℃	供回水温差 Δt/℃	室温 t_n/℃	散热器散热量 Q/W
60						
50						
40						

四、过程测评

任务一过程测评见表 3-7。

表 3-7　任务一过程测评

考核项目	考核要求	配分	评分标准	扣分	得分	备注
系统手动操作	正确进行手动操作	40	1. 膨胀水箱水未加满扣 3 分 2. 操作混乱，没按操作步骤一一执行扣 3 分			

（续）

考核项目	考核要求	配分	评分标准	扣分	得分	备注
系统调试	1. 正确调节温度调节阀 1 2. 正确调节温度调节阀 2 3. 关闭调节阀 1，打开调节阀 2，温度调节的正确操作 4. 关闭调节阀 2，打开调节阀 1，温度调节的正确操作 5. 散热器 3、4 调节的正确操作	55	1. 没有完成散热器 1 的调节扣 2 分 2. 温度调节阀 2 调节有误扣 2 分 3. 无法完成关闭调节阀 1、打开调节阀 2 时温度调节的操作有误扣 2 分 4. 无法完成关闭调节阀 2、打开调节阀 1 时温度调节的操作有误扣 2 分 5. 散热器 3、4 调节没有达到要求扣 2 分			
安全生产	自觉遵守安全文明生产规程	5	遵守不扣分，不遵守扣 5 分			
时间	2h		超过额定时间，每 5min 扣 2 分			
开始时间		结束时间		实际时间		
成绩						

任务二　热水供暖循环系统的自动控制与调试

一、任务目标

（1）熟悉系统自动控制操作；

（2）掌握实训装置的操作与调试。

二、任务准备

（1）热水供暖循环系统综合实验装置；

（2）计算机一台（力控组态软件一套）。

三、任务操作

1. 系统自动控制步骤

（1）初次使用本设备时请务必把膨胀水箱水位加满，到水位柱高水位，以免电加热锅炉缺水干烧而损坏。

（2）当第一步水位加满后，打开补水球阀，关闭出水球阀，启动控制柜电源总开关，“手动 / 自动”开关拨至“自动”状态，水泵将自动打开，根据设定温度差来自动判别开启热挡位开关。

（3）自动状态下，系统自动起动供水泵，5s 后自动运行热档位开关，自动打开电磁阀 3 号、电磁阀 4 号、电磁阀 5 号；3 号散热器可通过手动热量调节开关 1 来调节温度，4 号散热器可通过手动热量调节开关 2 来调节温度。

（4）打开计算机监控画面，进行供暖温度的设置来自动控制加热系统。计算机 COM 端连接至控制柜串口端，打开系统监控软件组态，等待组态画面通信正常；单击“供水温度设定”进入设定界面，设定供水温度。

（5）供水温度设定应大于或等于调节阀设定温度。

（6）将控制柜调节阀 1 调至自动，将调节阀 2 调至自动，可在计算机监控画面里设置散热器 1 的温度和散热器 2 的温度。

（7）自动状态下，电加热锅炉右侧电源开关应关闭，本系统锅炉默认加温为 50℃，循环泵默认为 50℃自动运行，默认温差 10℃启动加热器，如需重新设定温度请按照锅炉的操作手册进行。

2. 调试

（1）温度调节阀 1 调节。

假设供水温度不变，将调节阀 1 和调节阀 2 拨至手动，打开“电磁阀 1”，置于“开”状态时，测试将温度设定为 60℃、50℃、40℃时“温度调节阀 1”的累计水量、散热器供回水温度、温差（均为热量表的读数）、室温及阀门的变化，将测量数据填入表 3-8。若系统流量小，累计热量（散热器散热量）无法读出，各表中的散热量均用式 3-1 计算得出。若系统流量大，而热负荷相对较小，则供回水温差小；可以观察调节阀阀门的开度变化。

表 3-8 实验数据表

调节阀 1 温度设定 /℃	累计水量 G/m^3	供水温度 t_g/℃	回水温度 t_h/℃	供回水温差 Δt/℃	室温 t_n/℃	散热器散热量 Q/W	供暖热能 H/J	阀门开度大小
60								
50								
40								

（2）温度调节阀 2 调节。

假设供水温度不变，确认调节阀 1 和确认调节阀 2 拨至手动，打开“电磁阀 2”置于“开”状态时，测试将温度设定为 60℃、50℃、40℃时“温度调节阀 2”的累计水量、散热器供回水温度、温差（均为热量表的读数）、室温及阀门的开度变化大小，将测量数据填入表 3-9。若系统流量小，累计热量（散热器散热量）无法读出，各表中的散热量均用式 3-1 计算得出。若系统流量大，而热负荷相对较小，则供回水温差小，可以观察调节阀阀门开度变化。

表 3-9　实验数据表

调节阀 2 温度设定 /℃	累计水量 G/m^3	供水温度 t_g/℃	回水温度 t_h/℃	供回水温差 Δt/℃	室温 t_n/℃	散热器散热量 Q/W	供暖热能 H/J	阀门开度大小
60								
50								
40								

（3）关闭调节阀 1，打开调节阀 2 进行温度调节。

关闭“电磁阀 1”，“电磁阀 2”置于“开”状态时，测试温度设定为 60℃、50℃、40℃时“温度调节阀 2”的累计水量、散热器供回水温度、温差（均为热量表的读数）、室温及阀门开度变化，将测量数据填入表 3-10。

表 3-10　实验数据表

调节阀 2 温度设定 /℃	累计水量 G/m^3	供水温度 t_g/℃	回水温度 t_h/℃	供回水温差 Δt/℃	室温 t_n/℃	散热器散热量 Q/W	阀门开度大小
60							
50							
40							

（4）关闭调节阀 2、打开调节阀 1 进行温度调节。

关闭“电磁阀 2”，将“电磁阀 1”置于“开”状态时，测试分别温度设定为 60℃、50℃、40℃时“温度调节阀 1”的累计水量、散热器供回水温度、温差（均为热量表的读数）、室温及阀门开度变化，将测量数据填入表 3-11。

表 3-11　实验数据表

调节阀 1 温度设定 /℃	累计水量 G/m^3	供水温度 t_g/℃	回水温度 t_h/℃	供回水温差 Δt/℃	室温 t_n/℃	散热器散热量 Q/W	阀门开度大小
60							
50							
40							

（5）散热器 3、4 的调节。

1）打开“电磁阀 3”“电磁阀 4”“电磁阀 5”，“温度调节阀 1”“温度调节阀 2”“球阀 2”都置于“开”状态时，改变供水温度，设定系统供水温度分别为 60℃、50℃、

40℃，待系统稳定后测试回水温度、供回水温差、室温及阀门的开度变化，将测量数据填入表 3-12。

2）分别关闭电磁阀 4、电磁阀 5，将散热器 3、散热器 4 温度变化填入表 3-13 和表 3-14。

表 3-12　实验数据表

电磁阀	累计水量 G/m^3	供水温度 t_g/℃	回水温度 t_h/℃	供回水温差 Δt/℃	室温 t_n/℃	散热器散热量 Q/W	阀门开关状态
电磁 3							
电磁 4							
电磁 5							

表 3-13　散热器 3 实验数据表

供水设定温度 /℃	累计水量 G/m^3	供水温度 t_g/℃	回水温度 t_h/℃	供回水温差 Δt/℃	室温 t_n/℃	散热器散热量 Q/W
60						
50						
40						

表 3-14　散热器 4 实验数据表

供水设定温度 /℃	累计水量 G/m^3	供水温度 t_g/℃	回水温度 t_h/℃	供回水温差 Δt/℃	室温 t_n/℃	散热器散热量 Q/W
60						
50						
40						

3. 问题讨论

（1）当调节阀流量不变时，调节系统供水总阀流量，为什么室温基本不变化?

（2）当供水温度改变时，系统水流量不变，供回水温差变大，散热器散热量将如何变化?

（3）系统中膨胀水箱是如何起作用的? 膨胀水箱上的各个接管是如何起作用的?

（4）将讨论结果填入表 3-15。

表 3-15　讨论结果表

序号	讨论问题	分析	结果
1			
2			
3			
4			
5			

四、过程测评

任务二过程测评见表 3-16。

表 3-16　任务二过程测评

考核项目	考核要求	配分	评分标准	扣分	得分	备注
系统自动操作	正确进行自动操作	40	1. 膨胀水箱水未加满扣 3 分 2. 操作混乱，没按操作步骤一一执行扣 3 分			
系统调试	1. 正确调试温度调节阀 1 2. 正确调节温度调节阀 2 3. 关闭调节阀 1、打开调节阀 2，温度调节的正确操作 4. 关闭调节阀 2、打开调节阀 1，温度调节的正确操作 5. 散热器 3、4 调节的正确操作	55	1. 没有完成散热器 1 的调节扣 2 分 2. 温度调节阀 2 调节有误扣 2 分 3. 无法完成关闭调节阀 1，打开调节阀 2，温度调节的操作有误扣 2 分 4. 无法完成关闭调节阀 2，打开调节阀 1，温度调节的操作有误扣 2 分 5. 散热器 3、4 调节没有达到要求扣 2 分			
安全生产	自觉遵守安全文明生产规程	5	遵守不扣分，不遵守扣 5 分			
时间	2h		超过额定时间，每 5min 扣 2 分			
开始时间		结束时间		实际时间		
成绩						

任务三　热水供暖循环系统电加热锅炉控制

一、任务目标

熟悉电加热锅炉的控制操作。

二、任务准备

热水供暖循环系统综合实验装置。

三、任务操作

1. 电加热锅炉介绍（图 3-3）

电加热锅炉控制器适用温度为 –10~60℃，相对湿度为 45%~95%；电压为 AC220V（275~165V），频率为 50Hz。以下为具体功能介绍：

（1）显示加热温度、定时开关机时间和实时时钟。

1）加热温度显示范围：0~99℃，精度 ±1℃；

2）设定工作温度范围：20~85℃；

3）设定工作档位范围：1~3 挡；

4）定时开关机时间范围：00 : 00~24 : 00；

5）启动加热温差度数范围：5~20℃；

6）循环泵起动温度范围：10~60℃。

（2）工作状态动态显示。

1）加热器显示：加热器开启时，加热挡位符号显示。

2）循环泵显示：循环泵开启时，显示风叶转动；关闭时，风叶关闭不显示。强制循环时，“循环泵”三个灯不停闪烁。

3）漏电显示：当检测到的漏电时，漏电代码闪烁显示“LD”。

4）定时开、关显示：当定时开、定时关启动时“定时开”“定时关”符号显示。

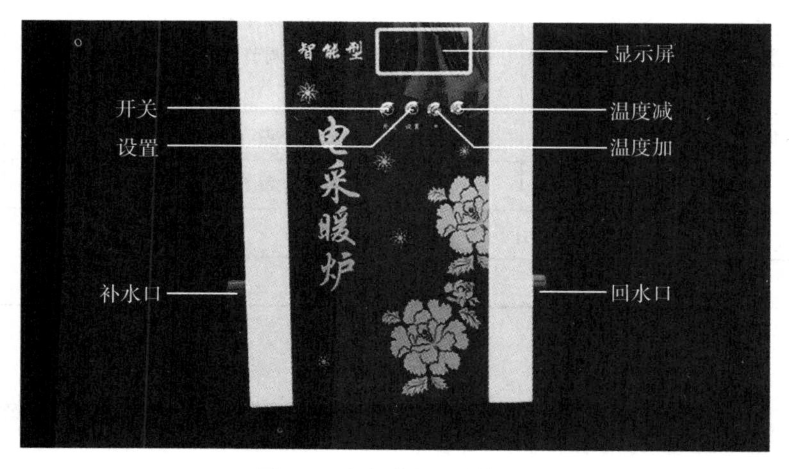

图 3-3　电加热锅炉结构图

2. 电加热锅炉设置

（1）电加热锅炉共有 4 个按键，以便人工设置参数，分别为电源键、设置键、上调 /

强制循环、下调 / 定时键。

（2）按键功能说明：

1）开关机键：按一次开机，再按一次关机。

2）在设置参数时，按一次设置键可直接保存设置并退出。

设置键单独用可以查看设定参数和上调、下调键连用可以调节设定参数。

按设置键 1 次，设定挡位（注：挡位越高功率越大）；

按设置键 2 次，设定加热温度；

按设置键 3 次，设定启动加热温差数；

按设置键 4 次，设定循环泵起动温度；

按设置键 5 次，设定系统时钟分钟；

按设置键 6 次，设定系统时钟小时；

按设置键 7 次，调节白天定时开机分钟，显示“太阳”；

按设置键 8 次，调节白天定时开机小时；

按设置键 9 次，调节白天定时关机分钟；

按设置键 10 次，调节白天定时关机小时；

按设置键 11 次，调节晚上定时开机分钟，显示“月亮”；

按设置键 12 次，调节晚上定时开机小时；

按设置键 13 次，调节晚上定时关机分钟；

按设置键 14 次，调节晚上定时关机小时；

上调 / 强制循环：当设置参数时，此键为上调键；按住 3s 为循环泵强制循环键。

下调 / 定时键：当设置参数时，此键为下调键，其他时候为定时键。按一次定时开关机启动，再按一次定时开关机关闭。

（3）一键恢复功能：长按上调 / 强制循环键 10s 后，所有参数恢复出厂设置；

（4）水位检测功能：缺水时显示“E4”，开机状态时长按下调 / 定时键 5s 后，可取消水位检测。

3. 注意事项

（1）定时开和定时关时间不要设为相同时间，若相同则定时开关功能无效。

（2）两个定时时间若用其中一个，把不用的设为 24 : 00 即可。

（3）电加热锅炉控制器在不通电的情况下，参数可永久记忆。

4. 功能说明

（1）智能控温。若通电后不设定工作温度，系统按默认参数 50℃工作；若设定工作温度，则按设定的温度运行。开机后，电加热锅炉控制器检测到加热温度比设定温度低 10℃，即启动加热。按设定挡位，开启加热管，当检测到加热温度等于或高于设定温度时切断电源，停止加热。温度慢慢降低，当低于设定温度 10℃时又开启加热管，往复循环达到恒温。此加热温差可手动调整，调整范围为5~20℃。

（2）水暖循环。当加热管开启后，加热温度高于50℃时，循环泵开启，进行水暖循环；当温度低于45℃时，循环泵关闭，停止水暖循环。此循环温度可手动调整，调整范围为10~60℃。

（3）定时功能。系统默认每天白天开机时间为10：00，关机时间为14：00。晚上开机时间为18：00，关机时间为06：00。可根据用户需要通过按设置键、上调键/下调键来调整每天开、关机时间。时间设置完成，启动定时功能才有效。

（4）漏电保护。当检测到漏电电流大于15mA时，马上切断电源，防止出现触电事故，显示屏显示故障代码和警告提示。故障排除后，电加热锅炉控制器重新通电开机才可以正常工作。

（5）防冻功能。电加热锅炉控制器在通电的情况下，防冻功能有效，当检测到温度低于5℃时，加热器开始加热；当检测到温度升高到10℃，加热器停止加热。

注意：

1）本产品必须请专业人士安装。

2）必须有可靠有效的接地导线，并接入本产品配备的电源防漏电断路器。必须配置铜芯导线，且截面积与其功率、电压、电流匹配，入户功率大于本机功率要求（本产品工作电压可在165~275V）。

3）外接电源必须接合格的防漏电开关或DZ系列空气开关，严禁使用普通开关或插座。

4）安装完毕后，必须将系统充满水，方可通电试机。

5）平时不使用时请务必切断总电源。

6）使用本机前请务必将电加热锅炉的接地导线接地后方可使用。

四、过程测评

任务三过程测评见表3-17。

表3-17　任务三过程测评

考核项目	考核要求	配分	评分标准	扣分	得分	备注
锅炉设置	熟悉锅炉设置	95	1. 不会开关机扣2分 2. 不会设置参数扣2分 3. 无法完成恢复出厂设置扣2分 4. 不会水位检测操作扣2分			
安全生产	自觉遵守安全文明生产规程	5	遵守不扣分，不遵守扣5分			
时间	1h		超过额定时间，每5min扣2分			
开始时间		结束时间		实际时间		
成绩						

疑问解答

可能发生的故障及排除方法总结如下（见表 3-18）。

表 3-18　可能发生的故障及排除方法

故障	产生原因	排除方法
接通电源无提示音	1. 电源无电压 2. 漏电保护按钮是否复位	1. 检修或更换熔断器 2. 将漏电保护器的按钮复位
按遥控器和功能键主机无显示	1. 遥控器无电池或电池电量不足 2. 安装电池是否正确 3. 电池与电池座接触不良	1. 加装或更换电池 2. 按所标极性安装电池 3. 安装电池时使其良好地接触
只有一个散热器热而其他不热	1. 流量调节阀或开户量不合适 2. 散热器中存有空气	1. 调整散热器的流量调节阀开启量 2. 散热器中的空气由排气阀排净
加热时水从漏斗中溢出	1. 加热温度设置过高 2. 流量调节阀关闭 3. 水加太满，加热后水无膨胀空间	1. 降低设置温度 2. 将其他散热器处的流量调节打开一定量 3. 放出一定量的水
LED 彩屏显示“LD”	有漏电现象	切断电源，送去进行专业维修
LED 彩屏显示“H1”	传感器开路，无水干烧	送去进行专业维修
LED 彩屏显示“E1”	传感器短路	送去进行专业维修
LED 彩屏显示“E4”	1. 水箱缺水报警 2. 水位检测探针故障	1. 水箱加水 2. 可取消水位检测或送去进行专业维修

复习思考题

（1）怎样调试散热器？

（2）如何进行系统手动控制？

（3）如何进行系统自动控制？

项 目 四

楼宇供配电及照明系统操作与实训

项目目标

（1）认识楼宇照明系统，能利用实训设备完成楼宇照明的操作实训；

（2）通过楼宇照明系统的操作，了解照明配电线路的基本结构。

相关知识

一、HYBAZM-1 型楼宇照明系统介绍

智能楼宇以其先进的技术、完善的功能为人们提供舒适、高效、安全的服务，而智能楼宇的电气照明更为其增添光彩。电气照明不仅为人们的工作、学习、生活提供良好的视觉条件，而且对环境产生重要的影响，利用灯光造型及其光色的协调，使室内环境具有一定气氛和意境，增加了建筑艺术的美感，使空间环境更符合人们的心理和生理的要求，从而使人们身心愉悦。

作为智能楼宇重要组成部分的照明系统，面对不断发展的需要，要求其具备场景模式等复杂功能，便于控制和监督，并能与安防、三表等系统集成。微电子技术、网络通信技术的纵深发展，给照明控制技术带来革命性的变革，主要有以下三大趋势：

（1）电子化——电子元器件替代传统的机械式开关。

（2）网络化——网络通信技术成为智能照明系统的技术平台。

（3）集成化——系统集成技术使照明、安防、三表成为一个整体解决方案。

楼宇照明是以“安全、适用、经济、美观”为原则设计的。智能楼宇照明按其用途来分，一是为了创造一个良好舒适的视觉环境，也就是为了满足人们的视觉需要而设计的办公或生活局域照明；二是为了美化环境，渲染空间环境气氛的艺术照明；三是楼梯、走廊等公共照明；四是特殊照明，如航空障碍照明、景观照明、应急照明、疏散指示照

明等。智能楼宇照明按其控制功能分为环境照度控制和照明节能控制，环境照度控制即保证建筑物内各区域的照度及视觉环境而对灯光进行的控制，照明节能控制即为了节约电能对照明设备采用的控制。

HYBAZM–1 型楼宇照明系统实训装置满足了智能楼宇照明系统的基本要求，它是一种模拟智能照明控制系统的实训装置，如图 4-1 所示。系统包括：楼层照明配电线路、照明场景模拟部分、照明系统综合控制，还配备 HYBAZM–1 型上位机软件，可实现照明系统远程监控，同时方便组建楼宇自控系统。

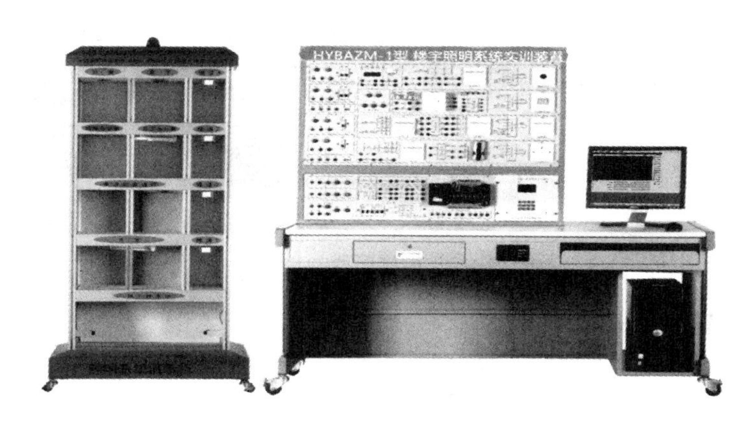

图 4-1　HYBAZM-1 型楼宇照明系统实训装置

二、楼宇照明控制

1. 楼宇照明控制部分

楼宇照明控制部分由楼层配电线路以及照明场景控制开关组成，楼层照明配电模拟典型楼层配电形式，照明控制开关包括以下几类。

（1）传统照明控制方式：手动开关组件（单路开关、双控开关），手动调节组件（调光开关）。

（2）智能照明控制方式：触摸延时开关、人体感应开关、声控延时开关、遥控开关、一键切换、智能调光控制器。

（3）自动照明控制方式：上位机自动控制各楼层配电箱以及公共照明的通断，下位机采用 PLC 控制器。

在控制屏左侧设有一个“照明运行方式”选择开关，如图 4-2 所示，用于照明线路的手动 / 自动切换控制。手动控制时，照明线路由现场按钮控制；自动控制时，照明线路由远程上位机控制。

2. 通信接口部分

在控制屏右侧设置有两个通信接口（DK2 针）：一个是 LonWorks 通信接口（前），另一个为备用（后）通信接口，可实现与其他网络互连。

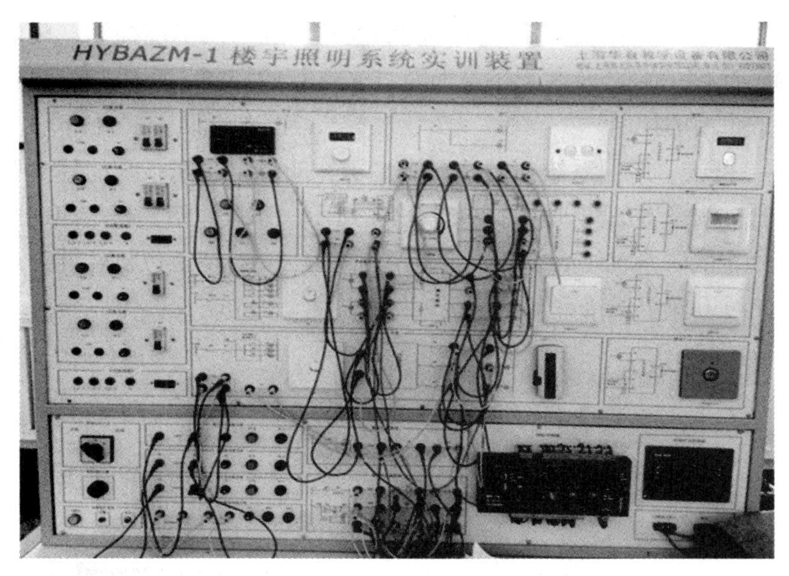

图 4-2　楼宇照明控制图

3. 消防报警模拟部分

在控制屏左下方，设有消防报警按钮，按下此按钮，模拟消防信号发出，PLC 检测该按钮触点信号，可通过上位机联动跳闸相关照明线路。

4. 短路保护报警部分

本控制屏电源部分设有专用保护装置：相线与屏外壳短路保护。在实训操作时，发生相线与屏外壳短路时，屏内安装的蜂鸣器会发生报警声，面板上“报警”灯亮，屏内安装的总电源接触器会自动断开，此时整个控制屏失电，只有当短路故障剔除，按下“复位”按钮后，接触器再次吸合，整个屏正常供电运行。

三、HYBAZM-1 型照明系统演示柜

照明系统演示柜模拟智能化综合大楼，集成了多种灯具和控制开关，作为照明控制部分的演示对象。按照智能化综合大楼设计思路，我们把演示柜分为 5 层：地下一层为停车场；第一层为大堂和楼道一；第二层为多功能会议厅和楼道二；第三层分为经理办公室、员工办公室和楼道三；第四层分为卧室、客厅和楼道四。

各层控制方式以及开关介绍如下：

（1）卧室设有白炽灯，采用调光开关控制，以改变照度来适应各种不同的场合，如看电视、学习、休息等。客厅采用两位单路开关控制，控制两种不同的灯光，以满足待客、聚会等不同的需求。楼道四采用触摸延时开关控制，可节约电能。

（2）经理办公室采用多场景按钮切换控制，切换的场景有全亮、全灭、办公、会客、休息；员工办公室采用荧光灯调光控制，可以根据太阳光的强弱来人为改变荧光灯的明

暗，节约能源。楼道三采用人体感应开关控制，根据人体发射的红外线来控制灯的亮灭。

（3）多功能会议厅采用智能调光控制器控制。控制器中已经设置多种场景，如入场、会议、休息、投影、散会等，通过按键可设置对应场景。楼道二采用双控开关控制，实现两地控制同一盏灯。

（4）大堂采用无线遥控装置控制，通过手持遥控器的按键或面板开关来进行场景设置。楼道一采用声光控开关控制，通过检测声音来控制灯的亮灭。

（5）地下一层停车场采用光电开关控制，当车挡住光电开关发射的红外线时，接收装置无法接收信号，光电开关输出触点信号控制地下一层灯光的开启。

（6）航空照明采用两根航空电缆，将演示柜的电源以及控制信号从演示柜后面的航空插座连接到控制屏的左面航空插座。

四、HYBAZM-1 型上位机工程软件的安装与使用

1. 产品介绍

HYBAZM-1 型楼宇照明系统实训装置上位机软件 LonMarker3.1 是基于 Windows 操作系统的综合自动化、集成化应用平台，可完成照明系统的实时监控。

本系统模拟楼宇现场运行自控管理系统，具备基本的监控和数据采集功能。系统在整体技术指针、实时性等方面都达到较高的程度，在易操作、保护及友好的人机接口等方面也充分发挥了现代计算机技术和通信技术的特点，可以满足用户多方面的需求，达到教学的目的。

本系统软件采用力控组态软件开发设计，界面丰富、功能全面，具有良好的扩展性。

2. 操作窗口功能介绍

（1）初始登录窗口。运行工程项目后，第一窗口为软件登录窗口，如图 4-3 所示。进入监控系统，开始信息的下载和上传工作。单击“退出系统”按钮，可退出照明系统。

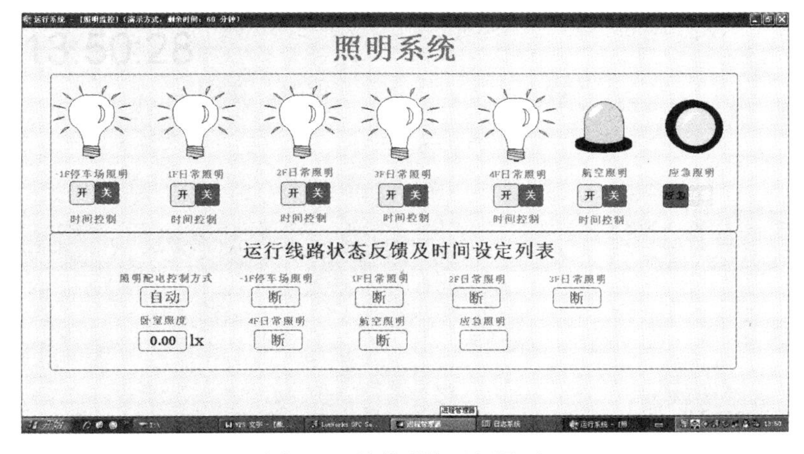

图 4-3　照明系统运行界面

（2）照明系统监控窗口如图 4-4 所示，在此窗口中，可监控以下信息：

1）运行控制：在此框中，单击各照明线路开、关按钮，可控制线路的通、断。

2）时间设定列表：单击“时间控制”按钮，可控制各路照明线路按计划时间启动和停止。

3）运行线路状态：可监测各照明线路的通、断状态以及卧室照度。

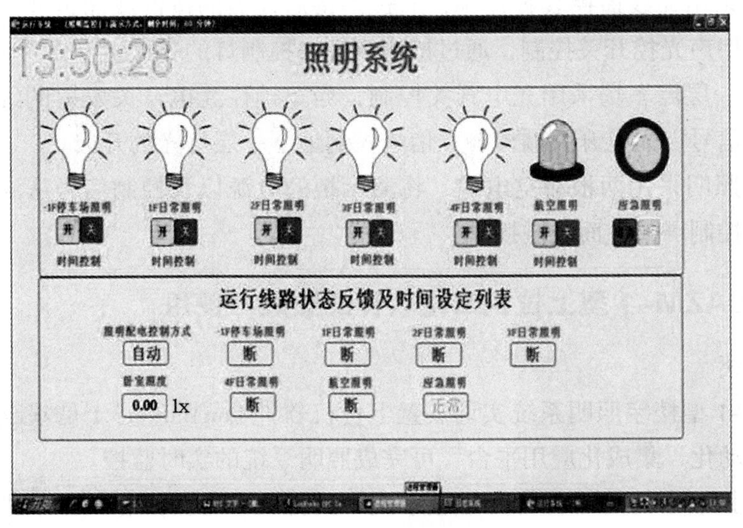

图 4-4　照明系统监控窗口

（3）在时间表工作设置窗口中，“时间控制”显示当前时间，“计划任务”可设置各照明线路的运行时间。单击“设置”按钮，设定“开时间”和“关时间”，单击“确定”按钮，颜色变灰（不可选状态），说明设置成功，如果时间设置不对，会有相应提示。

（4）消防报警提示窗口。

当发生消防报警信号时（按下实训台面板上的消防报警按钮），在右上角会弹出图 4-5 所示的窗口。

图 4-5　消防报警按钮窗口

技能训练

任务一　照度传感器认识与应用

一、任务目标

（1）认识照度传感器；

（2）了解照度传感器的应用。

二、任务准备

（1）HYBAZM-1 型楼宇照明系统实训装置；
（2）计算机一台（配力控组态软件一套）。

三、任务原理

（1）照度传感器是将光照度转换成电信号的仪器。

由于硅光电池的输出与照度（光流量 / 感光面积）成比例，因此可构成照度计（其他光度值都可以采取相应办法将其变换为感光面的照度进行测量），然后通过运算放大器将光电流进行电流 – 电压转换。设备中，照度计将 0~10000lx 光照度转变为 0~20mA 的电信号，然后将 0~20mA 的电信号转换为 0~10000lx 照度在数码管中进行显示。

（2）设备中所用的照度传感器的技术参数为介绍如下。

供电电压：DC24V；

波长范围：380~730nm；

测量范围：0.00~10000lx；

输出形式：电流输出 4~20mA；

工作温度：0~40℃，湿度＜ 70%；

存储温度：-10~50℃，湿度＜ 80%；

最大允许误差：± 7%；

重复测试：± 5%；

温度特性：± 0.5%；

感光体：带滤光片的硅光伏探测器。

（3）照度传感器控制原理如图 4-6 所示。

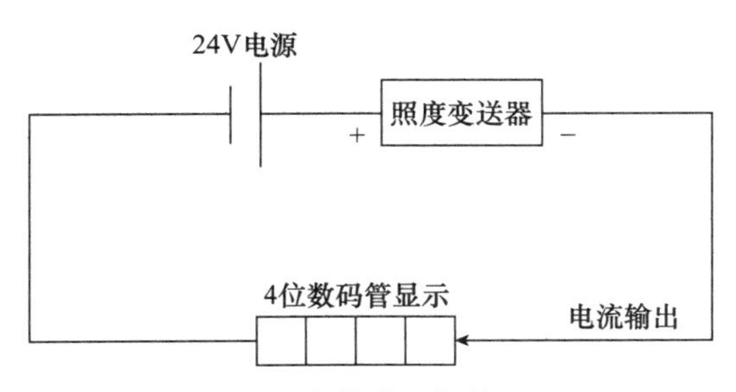

图 4-6　照度传感器控制原理图

图中 4 位数码管从左边开始，第一位数码管一般不显示，正常情况下不会出现；第二位为照度的千位，下面有一个小数点；第三位为百位；第四位为十位。例如□ 3.56 计数为 3.56klx 照度。

四、实训操作

（1）选择一种楼层照明配电方式，给实训台上电。

（2）按照卧室面板接线图把卧室线路连接好，如图 4-7 所示。

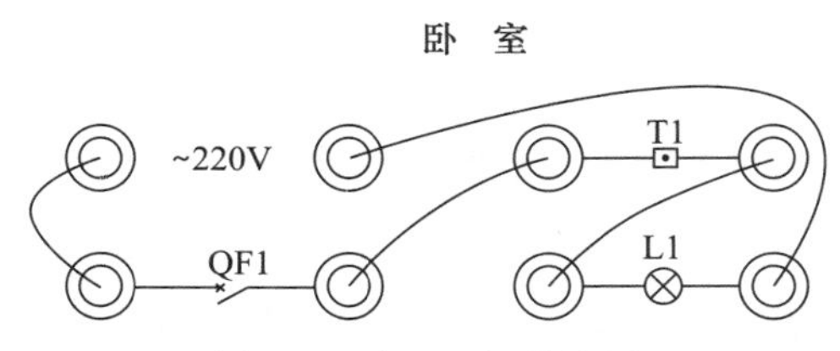

图 4-7　卧室面板接线图

（3）将四层照明配电箱的启动按钮按下，使四层照明得电。

（4）闭合卧室的低压断路器，调节卧室的调光器，当光照改变时，观察左边数码管显示有何变化。

（5）调节调光器，使光照依次增强，将几组数码管显示值记录到表 4-1 中。

（6）将记录的照度值对应的照度传感器输出电流值算出并填入表 4-1 中。

（7）关闭设备电源。

表 4-1　记录表

数码管显示值 /lx	计算的照度传感器输出电流值 /mA

五、过程测评

任务一过程测评见表 4-2。

表 4-2　任务一过程测评

考核项目	考核要求	配分	评分标准	扣分	得分	备注
卧室面板接线操作	按照面板接线图正确接线	40	1. 错、漏接线扣 3 分 2. 没有按接线规范接线扣 3 分			
照度传感器认识与应用	体验照度传感器的功能	55	1. 没有完成照度传感器认知与应用的相关操作（每个步骤完成有误或没有完成各扣 2 分） 2. 操作混乱，没按操作步骤一一执行扣 3 分			

（续）

考核项目	考核要求		配分	评分标准		扣分	得分	备注
安全生产	自觉遵守安全文明生产规程		5	遵守不扣分，不遵守扣5分				
时间	2h			超过额定时间，每5min扣2分				
开始时间		结束时间			实际时间			
成绩								

任务二　动静探测器认识与应用

一、任务目标

（1）认识动静探测器；

（2）了解动静探测器应用。

二、任务准备

（1）HYBAZM-1型楼宇照明系统实训装置；

（2）计算机一台（力控组态软件一套）。

三、任务原理

生活中的一些公共设施如楼道出入口、公共卫生间等地方的照明，往往会使用一些感应开关。感应开关的特点：一般白天不工作，夜晚当人们发出它们能接收到的信号时，便接通电源，照明灯开始工作，一段时间后便自动断开电源。

动静探测器开关的主要元件是一片新型热释电红外探测模块HN911L和一只V-MOS管。热释电红外传感器遥测移动人体发出的微热红外信号，送入HN911L，在输出端得到放大的电信号，使V-MOS管导通从而接通电源，通过电容的充放电功能来实现延时。可以通过下面方法进行测试：接通电源，将掌心按在菲涅尔透镜（圆球）上，照明灯亮，移开手掌，照明灯经过一段延时后熄灭；或者在黑暗状态下，当人从开关前走过时照明灯亮。开关探测范围为2m以内。

四、任务操作

（1）将应急照明的电源Ly1、Ny1与Ly2、Ny2接到应急照明配电箱，对应接好。不要接错，避免短路。

（2）给实训台上电，按下应急照明配电箱进线 1 按钮，闭合低压断路器 QF8。

注意：人体感应延时开关接通电源后，首先芯片进行自检，此时白炽灯可能会闪三下（视周围环境而定），属正常现象。

（3）用手遮住楼道三人体感应延时开关，观察灯光的变化。

（4）实训完成后，关闭设备电源。

五、过程测评

任务二过程测评见表 4-3。

表 4-3　任务二过程测评

<table>
<tr><th>考核项目</th><th colspan="2">考核要求</th><th>配分</th><th colspan="2">评分标准</th><th>扣分</th><th>得分</th><th>备注</th></tr>
<tr><td>应急电源接线、动静探测器认识与应用</td><td colspan="2">1. 正确给应急电源和应急照明配电箱的接线
2. 理解动静探测器的功能和原理</td><td>95</td><td colspan="2">1. 错接、漏接应急电源与应急照明配电箱的线路扣 3 分
2. 没有完成动静探测器认知与应用的相关操作（每个步骤完成有误或没有完成各扣 2 分）
3. 实训结束没有关闭电源扣 3 分</td><td></td><td></td><td></td></tr>
<tr><td>安全生产</td><td colspan="2">自觉遵守安全文明生产规程</td><td>5</td><td colspan="2">遵守不扣分，不遵守扣 5 分</td><td></td><td></td><td></td></tr>
<tr><td>时间</td><td colspan="2">1h</td><td></td><td colspan="2">超过额定时间，每 5min 扣 2 分</td><td></td><td></td><td></td></tr>
<tr><td>开始时间</td><td></td><td colspan="2">结束时间</td><td></td><td>实际时间</td><td colspan="3"></td></tr>
<tr><td>成绩</td><td colspan="8"></td></tr>
</table>

任务三　遥控照明控制器认识与应用

一、任务目标

（1）认识遥控照明控制器；

（2）了解遥控照明控制器应用。

二、任务准备

（1）HYBAZM–1 型楼宇照明系统实训装置；

（2）计算机一台（力控组态软件一套）。

三、任务原理

智能楼宇给人第一印象的是门厅和大堂，其灯具的精心选用、灯光的合理布置不只

是为了满足照明的需要，还应考虑到照明的气氛、照明与建筑装潢的协调。由于大堂和多功能会议厅等不同场合对照明需求差异较大，因此往往设定几种照明场景，以便使用时进行切换。

智能遥控装置由手持遥控器和接收装置组成。按下手持遥控器上不同的按键，将发送不同指令到接收装置，接收装置根据指令控制灯的亮灭。

在实训装置中设置三路灯光，一路由 4 个荧光灯筒灯（模拟装饰灯）组成，一路由 2 个白炽灯（模拟吸顶灯）组成，最后一路由一个 T4 荧光灯（模拟荧光灯带）组成。三路灯由一个手动 / 遥控三路双控开关同时控制。照明控制原理如图 4-8 所示。

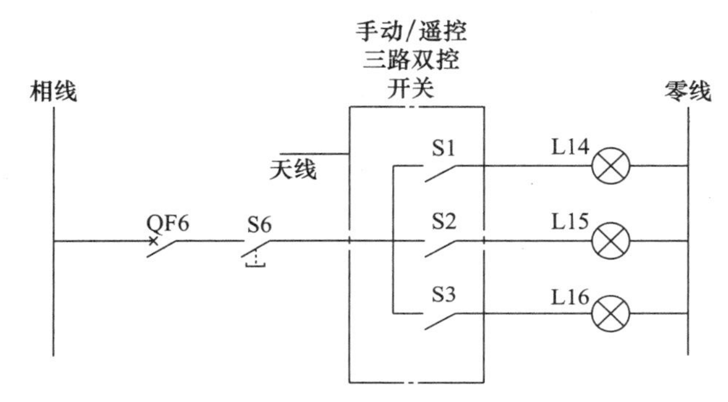

图 4-8　照明控制原理图

四、任务操作

（1）选择一种楼层照明配电方式，给实训台上电。

（2）按大堂面板接线图把线路连接好，如图 4-9 所示。

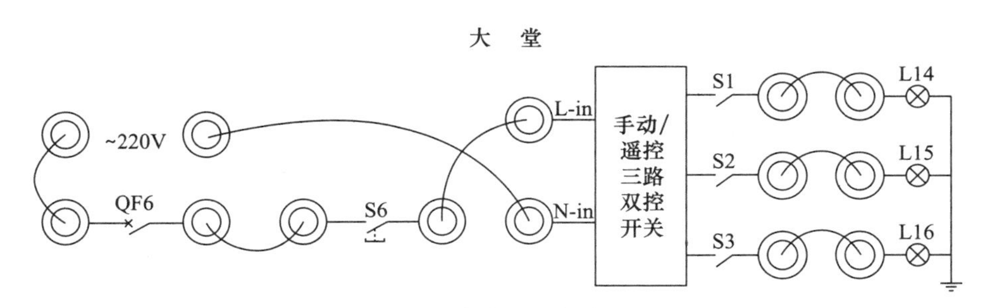

图 4-9　大堂面板接线图

（3）按下一层照明配电箱的启动按钮，使一层照明得电。

（4）闭合大堂的低压断路器 QF6，循环按下大堂控制开关 S6，观察大堂灯光亮灭情况。

（5）取下面板上的遥控器，分别按下遥控器上的各个按键，观测各路灯光的亮灭情况及大堂灯光效果。

（6）任务完成后，关闭设备电源。

五、过程测评

任务三过程测评见表4-4。

表4-4　任务三过程测评

考核项目	考核要求		配分	评分标准		扣分	得分	备注
大堂面板接线操作	按照大堂面板接线图正确接线		40	1. 错、漏接线扣3分 2. 没有按规范接线扣3分				
遥控照明控制认识与应用	掌握遥控照明控制的功能与应用		55	1. 没有完成遥控照明控制认识与应用的相关操作（每个步骤完成有误或没有完成各扣2分） 2. 操作混乱，没按操作步骤一一执行扣3分				
安全生产	自觉遵守安全文明生产规程		5	遵守不扣分，不遵守扣5分				
时间	2h			超过额定时间，每5min扣2分				
开始时间		结束时间			实际时间			
成绩								

任务四　照明灯具及普通控制设备的调试与控制

一、任务目标

（1）照明灯具的调试；

（2）掌握普通控制设备的调试与控制。

二、任务准备

（1）HYBAZM-1型楼宇照明系统实训装置；

（2）计算机一台（力控组态软件一套）。

三、任务原理

智能楼宇中的照明开关各种各样，最常用的有：单路开关，实现一一对应控制；双控开关，实现两地控制；电子调光开关，调节白炽灯的亮度；电子整流器，调节荧光灯的亮度；还有触摸延时开关、人体感应开关、声光控开关等，这几种开关将在后面的实训中详细介绍。

（1）在智能化的客房中，卧室和客厅应该使用不同的灯光设计；

1）卧室是人们休憩、睡眠的场所。人们在卧室内往往还要进行做家务、阅读书报或看电视等活动，所以可以设置一些可调节的照明器，方便随时根据不同的需求更改卧室内照度。本实训台在此场景中装设白炽灯照明，采用电子调光开关控制。

2）客厅往往是多功能活动场所，可以招待客人、家人团聚，很多客厅还兼有就餐功能。招待客人时如带有商谈性质，则应有明亮的荧光灯；朋友之间交谈最好在柔和的白炽灯下，让人感觉舒适、亲热。因此照明的设计要根据环境和气氛的变化而选用不同的光源或它们的组合。本实训台在此场景中装设一盏荧光灯和一盏白炽灯照明，采用单路开关控制。

（2）员工办公室对光线要求较高，一般采用荧光灯照明。为了节约能源，办公室内必须根据室外光线照度的变化，对室内灯光照度进行调节。实训装置中采用了 H 管节能灯，模拟实际装设的栅格灯。为了能够根据室外光线变化调节光照度，实训装置中设置了调光器，通过对控制电路中的电子整流器进行调节，以达到调节光照度的目的。

四、实训操作

（1）按面板上卧室、客厅、员工办公室照明控制原理图和面板接线图把对应各部分电路连接好，如图 4-10～图 4-15 所示。

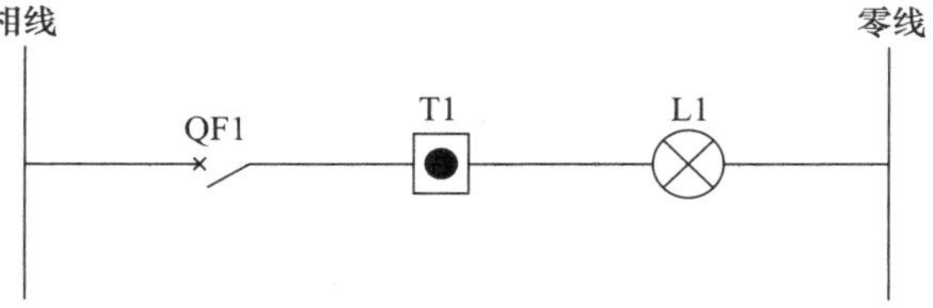

图 4-10　卧室照明控制原理图

（2）选择一种楼层照明配电方式，给实训台上电。

（3）按下四层照明配电箱启动按钮，闭合低压断路器 QF1 和 QF2。首先调节卧室白炽灯的电子调光开关，观察卧室灯光亮度变化，然后将客厅的单路开关分别打到开、关位置，记录不同状态下灯光的效果。

（4）按下三层照明配电箱启动按钮，闭合低压断路器 QF4，调节员工办公室的调光器，观察员工办公室内的灯光变化效果。

（5）实训完成后，关闭设备电源。

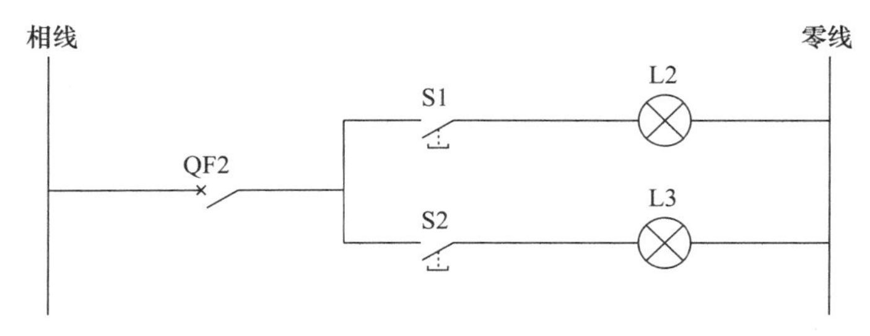

图 4-11　客厅照明控制原理图

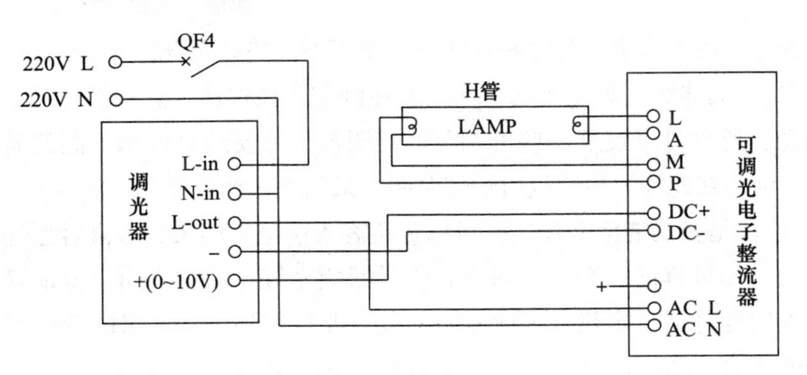

图 4-12 员工办公室照明控制原理图

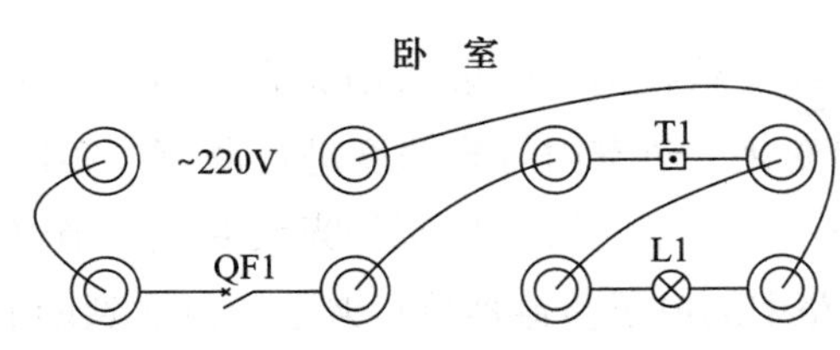

图 4-13 卧室面板接线图

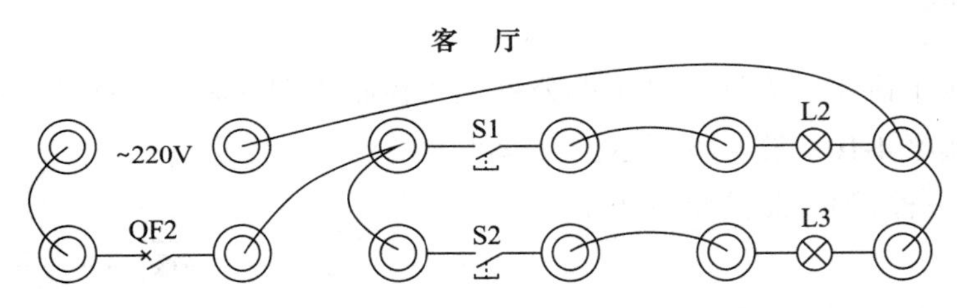

图 4-14 客厅面板接线图

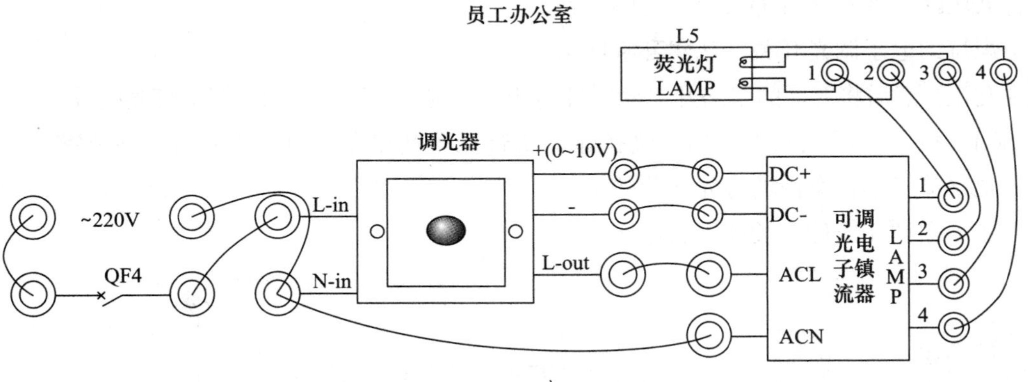

图 4-15 员工办公室面板接线图

五、过程测评

任务四过程测评见表 4-5。

表 4-5　任务四过程测评

考核项目	考核要求	配分	评分标准	扣分	得分	备注
面板上卧室、客厅、员工办公室接线	按照面板接线图正确接线	40	1. 错、漏接线扣 3 分 2. 没有按规范接线扣 3 分			
照明灯具及普通控制设备的调试与控制	正确调试客厅、卧室、员工办公室的灯光	55	1. 没有完成照明灯具及普通控制设备的调试控制相关操作（每个步骤完成有误或没有完成各扣 2 分） 2. 操作混乱，没按操作步骤一一执行扣 3 分 3. 实训结束，没有关闭电源扣 3 分			
安全生产	自觉遵守安全文明生产规程	5	遵守不扣分，不遵守扣 5 分			
时间	2h		超过额定时间，每 5min 扣 2 分			
开始时间		结束时间		实际时间		
成绩						

任务五　应急照明设备的控制

一、任务目标

掌握应急照明设备的控制方法。

二、任务准备

（1）HYBAZM-1 型楼宇照明系统实训装置；
（2）计算机一台（配力控组态软件一套）。

三、任务原理

应急照明包括疏散照明、备用照明、安全照明和事故照明。

（1）疏散照明是为了使人员在紧急情况下能安全地从室内撤离至室外或某安全区域而设置的照明。

（2）备用照明是在正常照明失效时，为继续工作或暂时继续工作而设置的照明。

（3）安全照明是在正常照明突然中断时，为确保人员安全而设置的照明。

（4）事故照明是在正常照明因故障熄灭后能继续工作或安全通行而设置的照明。

本实训装置照明演示柜上设置了疏散照明和事故照明。

应急照明的供电应按其负荷等级要求来确定。应急照明在智能建筑中为一级负荷，因此应急照明应由专用的双电源回路供电，实现双电源自动切换。

应急照明系统在火灾发生后应立即投入运行，因此必须进行联动控制，确保其功能的实现。联动控制方式有两种：

1）传统的联动控制方式。应急照明配电箱受消防联动系统的直接控制，即采用联动控制模块单元的触点去控制配电箱供电回路的闭合。

2）新型的联动控制方式。应急照明由计算机控制模块（或控制单元）监控与管理，并通过网络获得信息而启动。在这种控制方式下，控制模块（或单元）的通信接口挂接在大楼内综合布线系统的通信网络上，应急照明系统的工作由控制模块（或单元）通过通信网络接收火灾消防报警系统或其他防灾害报警系统的紧急信息而控制启动，同时控制模块或单元将应急照明系统的工作状态信息传送到大楼控制中心，并接收大楼控制中心的指令信息。

本实训装置中，楼道照明与应急照明公用一个配电箱供电，当进线失电时，它们都由备用电池供电，双电源切换控制原理如图 4-16 所示。本装置内设置的电池充电条件为当进线控制开关闭合时，开始充电，最大放电时间为 0.5h。如果满足此条件，电池还是不能正常工作，请通知技术人员更换电池。

四、任务操作

（1）给实训台上电，将应急照明的“低压配电母线出线”连接到配电箱进线上，对应护套接好。

（2）将应急照明的按钮“进线 1”及“进线 2”依次按下，将断路器 QF7~QF11 全部合上，观察楼道的“安全出口”指示牌的亮灭情况。

（3）依次控制各楼道开关，使各个楼道灯点亮。

（4）观察“进线 1”及“进线 2”按钮指示灯哪个亮，将灯亮的那个按钮按起，看看另一个按钮指示灯有什么变化，同时观察楼道灯的亮灭情况。同理，将刚按起的那个按钮按下，按起另一个按钮，观察楼道灯的变化。

（5）单独按下一个按钮，再按起，应急照明进线失电。进线一旦失电，应急装置应该自动供电。观察楼道及指示牌的亮灭情况。在这个步骤中，应急装置自动供电，需要各个应急装置之前应充过电，即各楼道灯及“安全出口”指示牌亮过一段时间。充电时间越长，应急时间越长。

（6）当进线按钮再次被按下时，进线得电，电池不再供电，观察灯的亮灭变化。

五、过程测评

任务五过程测评见表 4-6。

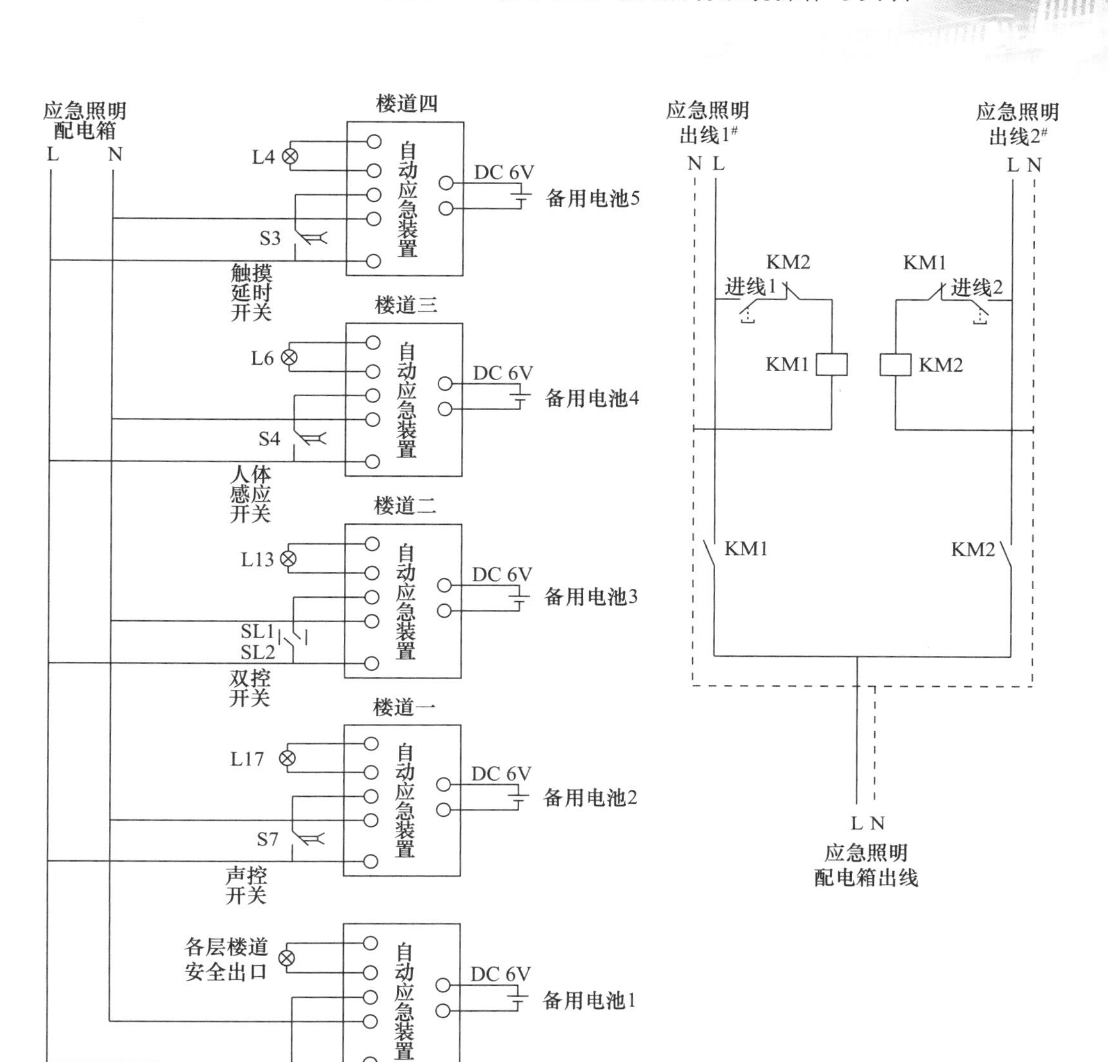

图 4-16　双电源切换控制原理图

表 4-6　任务五过程测评

考核项目	考核要求	配分	评分标准	扣分	得分	备注
应急照明设备的控制操作	掌握应急照明设备的接线和控制操作	95	1. 错、漏接线扣 3 分 2. 没有按规范接线扣 3 分 3. 没有完成应急照明设备的控制操作（每个步骤完成有误或没有完成各扣 2 分） 4. 操作混乱，没按操作步骤一一执行扣 3 分 5. 实训结束，没有关闭电源扣 3 分			
安全生产	自觉遵守安全文明生产规程	5	遵守不扣分，不遵守扣 5 分			

（续）

考核项目	考核要求	配分	评分标准	扣分	得分	备注
时间	1h		超过额定时间，每 5min 扣 2 分			
开始时间		结束时间		实际时间		
成绩						

任务六 时间表控制模式下照明线路组建与控制

一、任务目标

掌握时间表控制模式下照明线路组建和控制方法。

二、任务准备

（1）HYBAZM-1 型楼宇照明系统实训装置；
（2）计算机一台（力控组态软件一套）。

三、任务原理

时间表控制模式是楼宇照明控制中最常用的控制模式，工作人员预先在上位机编制运行时间表，并下载至相应控制器，控制器根据时间表对相应照明设备进行启 / 停控制。时间表中可以随时插入临时任务，如某区域所在单位的加班任务等，临时任务的执行优先于正常时间配置下任务执行，且一次有效，执行后自动恢复至正常时间配置模式。

以航空障碍照明为例说明时间表控制方式。航空障碍照明设置与控制是智能楼宇照明系统的一个组成部分。智能楼宇一般都为高层或超高层建筑，必须在建筑物的顶部设置障碍照明指示灯，并对其进行自动监控和管理。

障碍灯最好采用频闪灯，障碍照明控制一般采用计算机远程控制。这种控制方式的时间标准由建筑物内控制中心统一规定并制订时间表，计算机程序根据季节的日落时间调整工作启动和关闭时间。一般由感光组件进行光照度的测量，用于辅助计算机程序控制。航空照明控制原理如图 4-17 所示，由上位机设置时间表，下载到 PLC 控制器，PLC 的开关量输出触点控制航空照明配电箱的 KM 接触器按时间打开与关闭，完成控制。

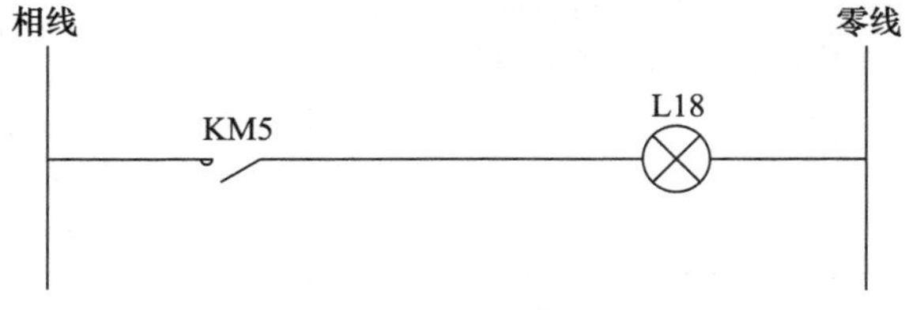

图 4-17 航空照明控制原理图

四、任务操作

（1）按航空照明面板接线图把对应各部分电路连接好，如图 4-18 所示。

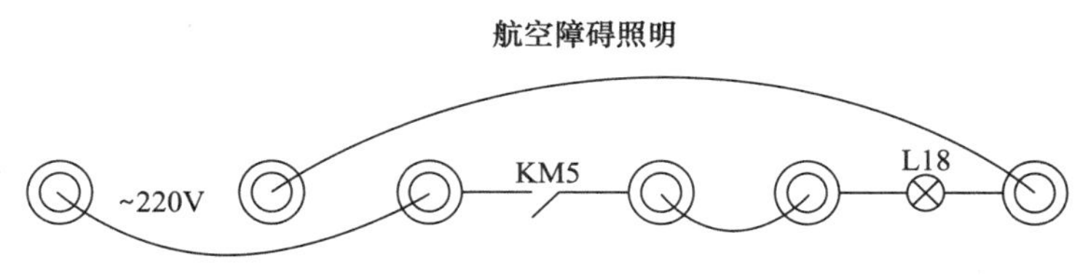

图 4-18　航空照明面板接线图

（2）给实训台上电，将航空照明“低压配电母线出线”连接到配电箱进线上，对应护套接好。

（3）给实训台上电，将照明运行方式选择开关切换到“自动”位置，按下航空照明配电箱起动按钮。

（4）运行上位机软件，通信正常后，进入照明系统窗口。单击主窗口左下角的“时间表计划任务设置”，单击航空照明旁边的“设置”按钮进行时间表设置。

（5）修改打开时间和关闭时间，然后单击“确定”按钮，观察航空照明警示灯的得电情况。

（6）按以上步骤对其他场所进行时间表控制设置，观察效果。

（7）完成后，关闭设备电源。

五、过程测评

任务六过程测评见表 4-7。

表 4-7　任务六过程测评

考核项目	考核要求	配分	评分标准	扣分	得分	备注
航空照明面板接线操作	按照面板接线图正确接线	40	1. 错、漏接线扣 3 分 2. 没有按规范接线扣 3 分			
时间表控制模式下照明线路组建和控制	掌握时间表控制模式下照明线路组建和控制方法	55	1. 没有完成时间表控制模式下照明线路组建和控制操作（每个步骤完成有误或没有完成各扣 2 分） 2. 操作混乱，没按操作步骤一一执行扣 3 分 3. 不能正确进行时间设置扣 2 分 4. 不熟悉软件操作扣 3 分			
安全生产	自觉遵守安全文明生产规程	5	遵守不扣分，不遵守扣 5 分			
时间	2h		超过额定时间，每 5min 扣 2 分			

（续）

考核项目	考核要求		配分	评分标准		扣分	得分	备注
开始时间		结束时间			实际时间			
成绩								

任务七 情景切换控制模式下照明线路组建与控制

一、任务目标

掌握情景切换控制模式下照明线路组建与控制方法。

二、任务准备

（1）HYBAZM-1 型楼宇照明系统实训装置；
（2）计算机一台（力控组态软件一套）。

三、任务原理

情景切换控制模式一般是指工作人员预先编写好几种常用场合下的照明方式，并下载至相应控制器，控制器读取场景切换按钮状态或远程系统情景设置，根据读入信号切换至对应的照明模式。本实训装置中设置了三种场景切换控制方式：

（1）第一种方式采用继电器组合控制，实现一键切换控制达到场景切换的目的。

有的办公室环境相对比较复杂，灯光较多，每一盏灯设置一个控制按钮很不方便。如果采用智能照明系统，情景设定需要哪种模式只需按相应的按键就可实现控制，这样既方便也不会忘记关灯。这种一键切换的情景切换模式在智能办公室中应用非常普遍。本实训装置中设置五种情景：全亮、全灭、办公、会客、休息，并且分别用五个按钮进行切换，办公室照明控制原理如图 4-19 所示。

（2）第二种方式采用微机装置完成控制，即采用专门的调光模块。

调光模块是一种数字式调光器，具有限制电压波动和软启动开关的作用。开关模式是一种继电输出，具有打开和关闭的功能。调光模块具有调光功能，可对白炽灯进行无级调光。

在实训装置中，预先设置好几种常用的情景模式，入场、会议、讨论、投影、休息、散会、情景 1 和情景 2，在需要进行情景切换时只需在调光装置中选择具体的情景即可。在调光装置里，除了预先设置好的多个情景模式外，还可以根据不同场合或不同需要自己设定场景模式和灯光效果。例如多功能会议厅照明控制原理如图 4-20 所示。

（3）第三种方式采用无线遥控装置控制。

智能遥控装置由手持遥控器和接收装置组成，常用于控制智能建筑的门厅或大堂灯光。手持遥控器按下不同的按键发送不同的指令给接收装置，接收装置根据接收的指令控制灯亮灭。具体控制原理见任务三。

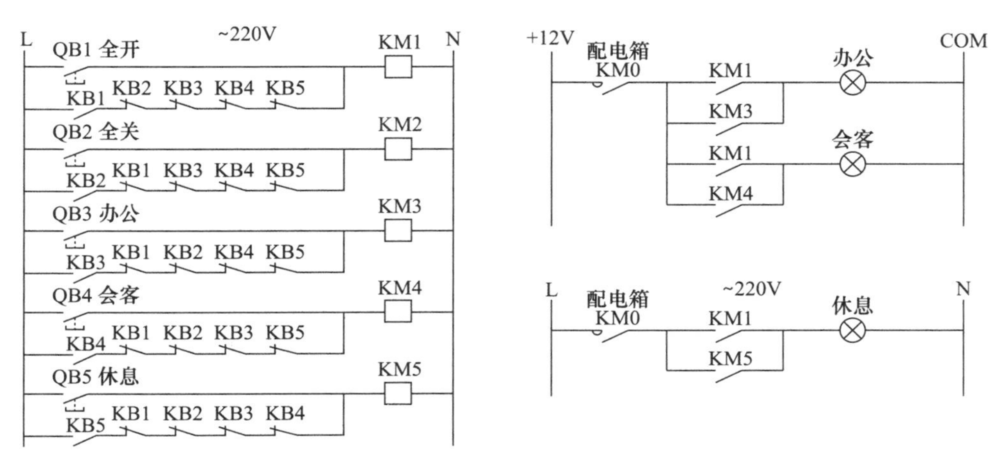

图 4-19　办公室照明控制原理图

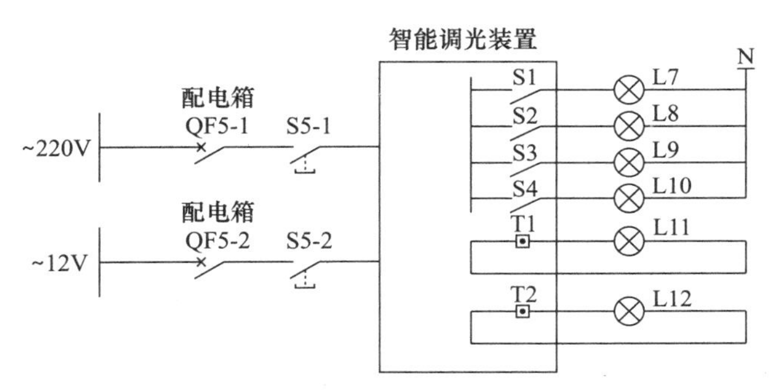

图 4-20　多功能会议厅照明控制原理图

四、任务操作

（1）按办公室、多功能会议厅面板接线图（见图 4-21）把对应各部分电路连接好。

（2）参考任务二，选择一种楼层照明配电方式，给实训台上电。

（3）按下三层照明配电箱启动按钮，合上 QF3，依次按下办公室五个控制按钮，记录按钮对应指示灯的变化，记录办公室内不同的情景下灯的亮灭情况，观察对应情景下的灯光效果。

（4）按下二层照明配电箱启动按钮，合上 QF5，按下多功能会议厅电源开关，设置智能调光装置，哪些灯灭，选择各种场景，记录多功能会议厅的灯的亮灭情况，观察不同情景下的灯光效果。

（5）按下一层照明配电箱启动按钮，合上 QF6，大堂得电后，循环按下大堂控制开关，观察大堂灯亮灭情况。取出面板上的遥控器，按下遥控器上的各个按键，观测各路灯光的亮灭情况及大堂灯光效果。

（6）实训完成后，关闭设备电源。

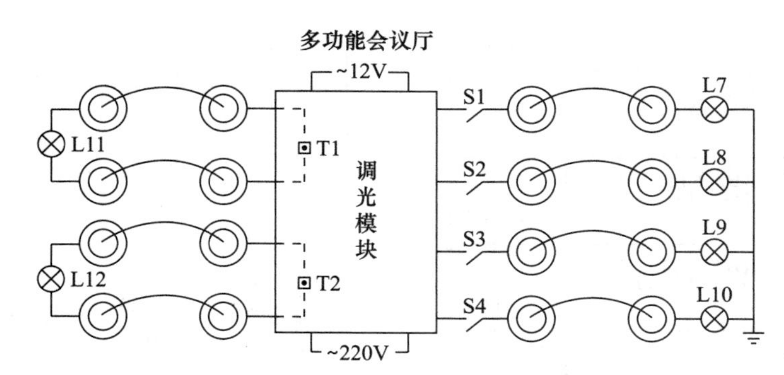

图 4-21　多功能会议厅面板接线图

五、过程测评

任务七过程测评见表 4-8。

表 4-8　任务七过程测评

考核项目	考核要求	配分	评分标准	扣分	得分	备注
多功能会议厅面板接线	按照面板接线图正确接线	40	1. 错、漏接线扣 3 分 2. 没有按接线规范接线扣 3 分			
情景切换控制模式下照明线路组建与控制	掌握情景切换控制模式下照明线路组建和控制方法	55	1. 没有完成情景切换控制模式下照明线路的组建和控制（每个步骤完成有误或没有完成各扣 2 分） 2. 操作混乱，没按操作步骤一一执行扣 3 分 3. 没有达到控制效果扣 3 分			
安全生产	自觉遵守安全文明生产规程	5	遵守不扣分，不遵守扣 5 分			
时间	2h		超过额定时间，每 5min 扣 2 分			
开始时间		结束时间		实际时间		
成绩						

任务八　远程强制控制模式下照明线路组建与控制

一、任务目标

熟悉远程强制控制模式下照明线路组建和控制方法。

二、任务准备

（1）HYBAZM-1 型楼宇照明系统实训装置；

（2）计算机一台（力控组态软件一套）。

三、任务原理

远程强制控制模式是指工作人员在中控室对固定区域的照明系统进行远程强制控制，即远程强制改变其照明开关状态。

上位机系统可以对楼层的各个场所照明系统进行强制控制。当照明控制箱的控制状态为自动时，上位机系统发出强制信号，下位机 PLC 输出信号对照明配电箱中的接触器进行控制。

四、任务操作

（1）参考任务二、任务七和任务八，选择一种楼层照明配电方式，给实训台上电。

（2）将照明运行方式选择开关切换到“远动”。

（3）运行上位机软件，通信正常后，进入照明系统运行控制窗口。

（4）在主窗口的左侧，单击各楼层照明配电控制，对各个照明配电箱进行远程强制控制。

（5）观察楼层照明配电箱的变化情况。

（6）实训完成后，关闭软件和设备电源。

五、过程测评

任务八过程测评见表 4-9。

表 4-9　任务八过程测评

考核项目	考核要求	配分	评分标准	扣分	得分	备注
远程强制控制模式下照明线路组建和控制	掌握远程强制控制模式下照明线路组建和控制方法	95	1. 无法运行上位机软件扣 3 分 2. 远程强制控制模式下照明线路组建和控制（每个完成有误或没有完成的步骤各扣 2 分） 3. 操作混乱，没按操作步骤一一执行扣 3 分 4. 操作结束没有关闭电源扣 3 分			
安全生产	自觉遵守安全文明生产规程	5	遵守不扣分，不遵守扣 5 分			
时间	1h		超过额定时间，每 5min 扣 2 分			
开始时间		结束时间		实际时间		
成绩						

任务九 动态控制模式下照明线路组建与控制

一、任务目标

熟悉动态控制模式下照明线路组建和控制方法。

二、任务准备

（1）HYBAZM-1 型楼宇照明系统实训装置；
（2）计算机一台（力控组态软件一套）。

三、任务原理

动态控制往往和一些传感器设备配合使用。如根据照度自动调节的照明系统中需要有照度传感器，控制器根据照度回馈自动控制相应区域照明设施的开 / 关或照度的调节；又如有些楼道照明系统可以根据相应的声音感应、红外线感应等传感器判别是否有人经过，借以控制照明设施的开 / 关。

照度传感器是将光照度转换成电信号的仪器。设备中所用的照度传感器是将 0~10000lx 光照度转换为 4~20mA 的电流信号，传送到显示单元加以显示。

地下车库照明一般在出入口处会设有适应区照明，而停车场内部照明控制方式主要有两种，一种为在入口地面设置探测线圈，检测车体的运动状态从而控制停车场的照明；另一种是在入口处安装红外线对射开关，当车体经过时，根据红外对射探测器信号变化，控制室内照明。停车场照明控制原理如图 4-22 所示。本实训装置设置约 10s 延时。

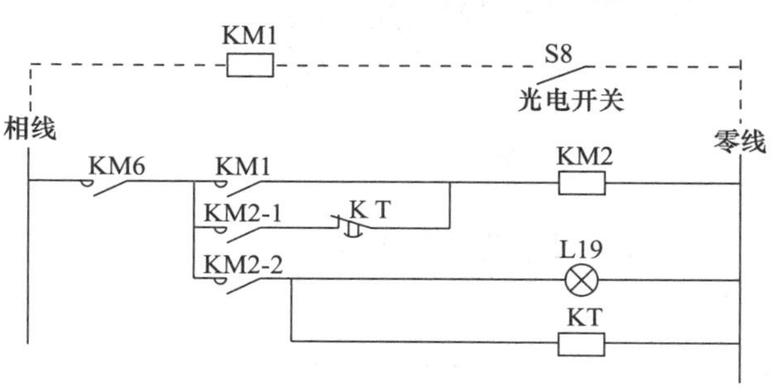

图 4-22　停车场照明控制原理图

红外线光电开关是利用被检测物体对调制的红外光束遮光与否，由同步回路选通来检测物体的有无，来达到开关的作用。光电开关的检测不局限于金属物体，对其他类型物体均可检测。本实训装置上采用的是对射型红外线光电开关。

实训装置的 4 个楼道设置了 4 种控制开关。楼道四设置触摸延时开关，开关得电后，用手触摸开关，楼道四灯亮；楼道三设置人体感应开关，开关得电后，在光线较暗时有人体从开关前方经过，楼道三灯亮；楼道二设置双控开关，开关得电后，打开任何一个开关，都能控制楼道二的灯亮（即两地控制）；楼道一设置声光控开关，开关得电后，在光线较暗的情况下，当有一定分贝的声音时，楼道一的灯亮。各层楼道照明控制原理如图 4-23 所示。

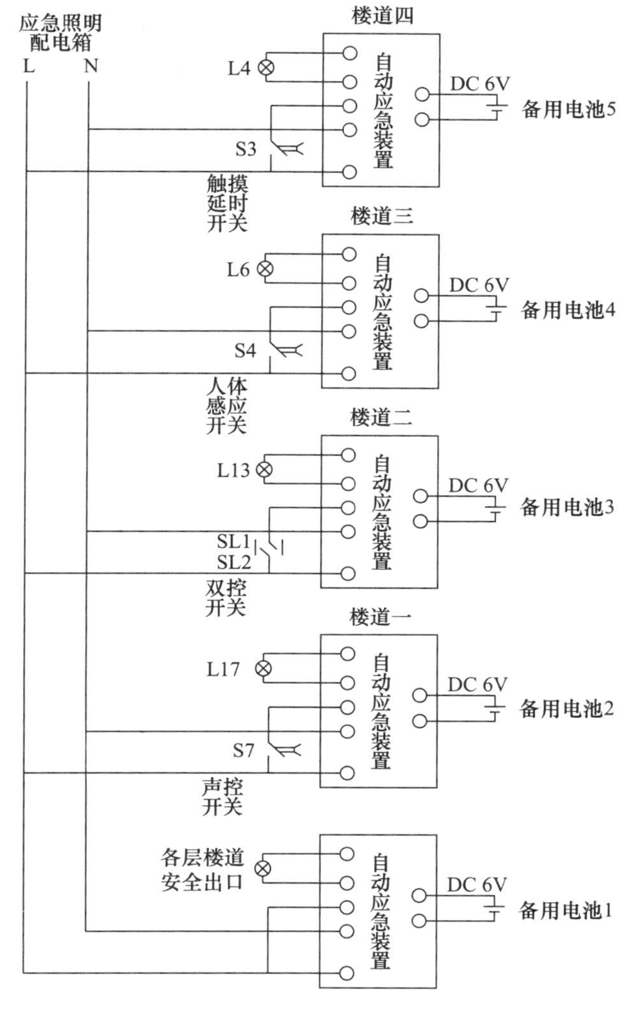

图 4-23　各层楼道照明控制原理图

四、任务操作

（1）参考任务八，给实训台上电，按下应急照明配电箱进线 1#、2# 启动按钮。

1）触摸延时开关：通过触摸感应片，使灯点亮；延时 1~3min 后灯关断。用手触摸楼道四照明控制开关，观察楼道四灯光的亮灭变化。经过一段时间延时后，观察灯光的亮灭变化。

2）人体感应开关：人体感应延时开关通过对人体所辐射红外线进行探测，实现人到灯亮、人离灯灭的功能。在周围光照度足够的情况下，开关不会工作，当周围环境暗到一定程度时便能开始工作，达到节能效果。可重复触发，在延时时间内，如再次探测到活动人体，则重新延时 30s。开关探测范围为 2m 以内。

实验室光线较强时，用手捂住人体感应开关的透光片，不让光线进入，观察楼道三灯光的亮灭变化。经过一段时间延时后，观察灯光的亮灭变化。

实验室光线较暗时，人站在人体感应开关前，观察楼道三灯光的亮灭变化。经过一段时间延时后，观察灯光的亮灭变化。

3）双控开关：用于两地控制一盏灯。任意按下双控开关上的一个开关，观察楼道二灯光变化；循环按下双控开关，观察楼道二灯光的亮灭变化。

4）声光控延时开关：采用声、光双重控制。当周围光照度＜ 11lx 或遇到＞ 70dB 的声音时，开关触发导通并延时 60s 自动断开。

实验室光线较强时，用手指按住声光控延时开关的感光片（模拟外部较暗光线），然后在距离开关较近的地方击掌，分别观察楼道一灯光的亮灭变化。经过一段时间延时后，观察灯光的亮灭变化。

实验室光线较暗时，在距离开关较近的地方直接击掌，观察楼道四灯光的亮灭变化。经过一段时间延时后，观察灯光的亮灭变化。

（2）参考任务一，选择一种楼层照明配电方式，给实训台上电。

1）按下一层照明配电箱启动按钮。将卧室的低压断路器合上，调节卧室的调光器，光照度改变时，观察数码管显示变化情况。

2）按下地下一层停车场照明配电箱启动按钮。按地下停车场照明面板接线图把对应电路连接好，如图 4-24 所示，将停车场的低压断路器合上，用手遮挡地下停车场安装的光电开关，观察地下停车场灯光的亮灭变化。经过 10s 延时后，观察灯光的亮灭变化。

（3）实训完成后，关闭设备电源。

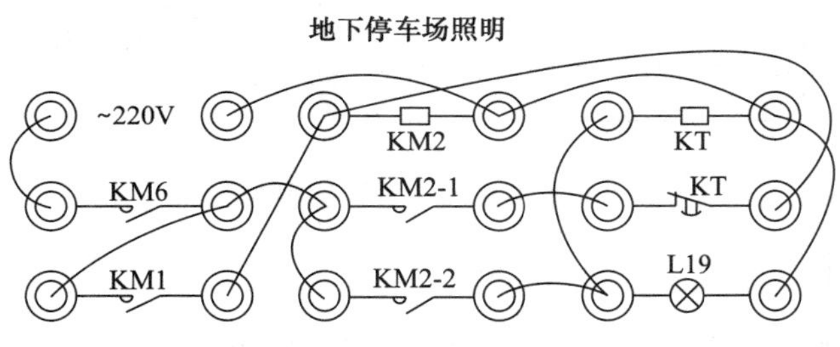

图 4-24　地下停车场照明面板接线图

五、过程测评

任务九过程测评见表 4-10。

表 4-10　任务九过程测评

考核项目	考核要求	配分	评分标准	扣分	得分	备注
地下停车场照明面板接线	按照面板接线图正确接线	40	1. 错、漏接线扣 3 分 2. 没有按规范接线扣 3 分			

（续）

考核项目	考核要求	配分	评分标准	扣分	得分	备注
动态控制模式下照明线路组建与控制	掌握动态控制模式下照明线路组建与控制方法	55	1. 没有完成动态控制模式下照明线路组建和控制（每个步骤完成有误或没有完成各扣 2 分） 2. 操作混乱，没按操作步骤一一执行扣 3 分 3. 没有达到控制效果扣 3 分 4. 触摸延时开关没有反应扣 3 分 5. 人体感应开关没有实现功能扣 3 分 6. 双控开关没有达到控制目的扣 3 分 7. 声光控延时开关没有实现功能扣 3 分 8. 实训结束没有关闭电源扣 3 分			
安全生产	自觉遵守安全文明生产规程	5	遵守不扣分，不遵守扣 5 分			
时间	2h		超过额定时间，每 5min 扣 2 分			
开始时间		结束时间		实际时间		
成绩						

疑问解答

本实训装置在操作过程中的常见故障及处理方法见表 4-11。

表 4-11　常见故障及处理方法

序号	任务	故障现象	解决方法
1	照度传感器认识与应用	调节卧室的调光器不能控制灯的亮度	检查接线是否正确
2	动静探测器认识与应用	人体在感应开关前，人体感应开关不能动作，无法控制灯亮灭	首先检查接线，然后判断是否满足人体感应开关动作条件，即周围环境（光照度＜ 11lx），人体在探测范围内（＜ 2m）移动
3	遥控照明控制器认识与应用	遥控器不起作用，不能控制灯的亮灭	给遥控器更换电池
4	照明灯具及普通控制设备调试与控制	员工办公室的调光器不能调节灯光亮暗	检查接线是否正确
5	应急照明设备的控制	应急备用电池不能正常充放电来控制楼道灯亮灭	本实训装置中的电池充电条件为当进线控制开关闭合时，开始充电，最大放电时间为 0.5h。如果满足此条件，电池还是不能正常工作，请通知技术人员更换电池

（续）

序号	任务	故障现象	解决方法
6	时间表控制模式下照明线路组建与控制	上位机不能控制照明配电箱	将照明运行方式选择开关切换到远动模式，将计算机的通信线连接到控制屏右侧 DB9 上，并可靠连接
7	情景切换控制模式下照明线路组建与控制	办公室和多功能会议厅照明不能控制	检查接线是否正确
8	远程强制控制模式下照明线路组建与控制	上位机不能控制照明配电箱	将照明运行方式选择开关切换到远动模式，将计算机的通信线连接到控制屏右侧 DB9 上，并可靠连接
9	动态控制模式下照明线路组建与控制	发出声音后，声控延时开关不能动作	首先检查接线，然后判断是否满足声控延时动作条件，即周围环境光照度< 11lx 或发出> 70dB 的声音

知识拓展

智能调光控制器使用说明

智能调光控制器用于多功能会议厅的调光控制。

智能调光控制器面板包括操作按键和液晶显示单元。

（1）操作按键功能介绍如下。

1）0 键：入场；

2）1 键：会议；

3）2 键：讨论；

4）3 键：投影；

5）4 键：休息；

6）5 键：散会；

7）6 键：情景 1；

8）7 键：情景 2；

9）9 键：手自动切换；

10）Set 键：进入情景设置；

11）>键：画面间切换；

12）Ent 键：输入确认键；

13）Esc 键：用于控制装置画面退出。

（2）液晶显示单元介绍如下。

1）运行状态：显示手动、自动状态；

2）情景设置：进入后，可设置情景变化；

3）通信信息：升级使用；

4）系统版本：V2.1。

复习思考题

（1）试述照度传感器的特点。

（2）试述楼道各种控制开关的工作原理和使用方法。

（3）试述地下停车场照明的设计方法。

项 目 五

楼宇监控系统操作与实训

项目目标

（1）认识楼宇监控系统，了解其基本结构；

（2）掌握楼宇监控系统的使用与维护；

（3）能利用 THPDF-1 型闭路电视监控及周边防范系统完成操作实训。

相关知识

一、认识楼宇监控系统

1. 前端设备

楼宇监控系统的前端设备包括摄像机、镜头、云台和外罩等。

（1）摄像机如图 5-1 所示，它是监控系统的重要组成部件，通过它能够观察、收集各种希望得到的信息。选择摄像机时要考虑许多因素，如电源型号、尺寸规格、灵敏度、清晰度、信噪比等，可以根据实际需要进行选择。

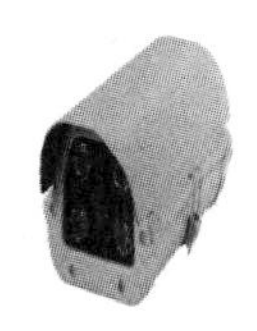

图 5-1　摄像机

（2）镜头如图 5-2 所示，镜头的选择同样很重要，视角的大小决定了镜头焦距的大小，根据是否调节焦距，又可分为定焦镜头和变焦镜头两类。选择镜头还要考虑光圈、最大 CCD 尺寸、景深和分辨率等因素。

图 5-2　镜头

（3）云台如图 5-3 所示，云台和摄像机配合使用，可以扩大摄像机监控的范围，提高摄像机的使用价值。云台种类很多，按使用环境分为室内型、室外型、防爆型、耐高温型、水下型等；按运动特点分为左右转动的水平型、上下左右转动的全方位型。

在智能楼宇监控系统中，通常采用室内和室外的全方位型普通云台。

（4）外罩又称防护套，如图 5-4 所示。由于摄像机的使用范围受到电子元器件使用环境的限制，为了能够在各种环境下使用，就需要使用防护罩。防护罩分室内防护罩和室外防护罩两种，其主要功能是防晒、防尘、防雨、防冻、防凝露等。

图 5-3　云台　　　　图 5-4　防护罩

2. 传输设备

楼宇监控系统的传输设备包括馈线、视频分配器、视频电缆补偿器和视频放大器。

3. 终端设备

终端设备包括解码器、视频分配器、视频切换矩阵、主控键盘、显示器电视墙和硬盘录像机等。前端设备与控制装置的信号传输以及执行功能均通过解码控制器实现，系统配置的基本结构框架如图 5-5 所示。

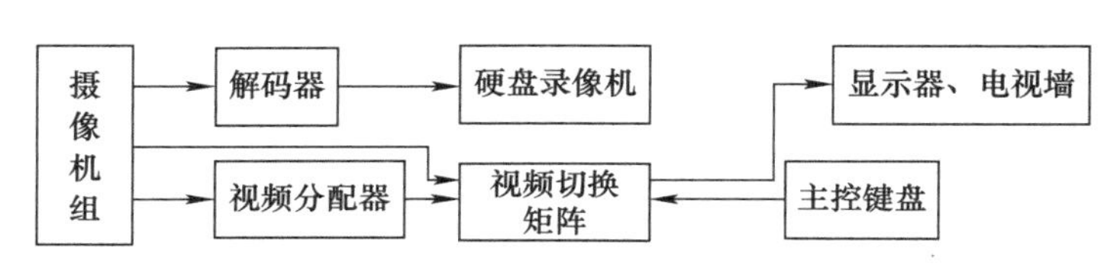

图 5-5　终端设备的结构

二、认识楼宇监控设备

THPDF–1 型闭路电视监控及周边防范系统实训装置是依据目前建筑电气、楼宇智能化等相关专业的教学内容精心设计的综合实训装置，结合当前闭路电视监控及周边防范系统的技术特点，采用优质监控设备，并配置包括网络摄像机在内的多种类型摄像机、矩阵主机、彩色监视器、数字硬盘录像机、红外对射探测器等，实现闭路电视监控功能与周边防范系统的联动功能。该系统稳定可靠，安装简单易学。

（一）结构框图

THPDF–1 型闭路电视监控及周边防范系统实训装置的结构框图如图 5-6 所示。

（二）技术参数

（1）任务台工作电源：AC220（1 ± 10%）V，50Hz。

（2）工作环境：工作温度 –20~45℃，相对湿度＜ 85%。

（3）外形尺寸：1668mm × 805mm × 1484mm。

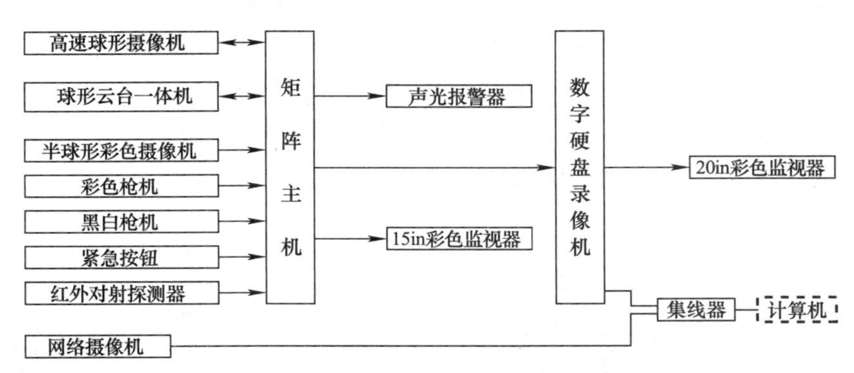

图 5-6　THPDF-1 型闭路电视监控及周边防范系统实训装置的结构框图

（三）产品特点

（1）实训装置结合当前闭路电视监控及周边防范系统的最新技术，采用世界著名品牌的监控及防范设备。

（2）实训装置不仅内容丰富，还能与安防系统实现联动。

（四）任务设备

1. 网络摄像机

网络摄像机是一种结合传统摄像机与网络技术而产生的新一代摄像机，它可以将影像通过网络传至远程访问端或控制端，且远程浏览者不需用任何专业软件，只需标准的网络浏览器（如 Microsoft IE 或 Netscape）即可监视其影像。网络摄像机内置一个嵌入式芯片，采用嵌入式实时操作系统。摄像机传送来的视频信号经数字化转换后由高效压缩芯片压缩，通过网络总线传送到 Web 服务器。网络用户可以直接用浏览器观看 Web 服务器上的摄像机影像，授权用户还可以控制摄像机云台镜头的动作或对系统进行配置操作。

本实训装置采用山博公司的 SB–6328 网络摄像机，该网络摄像机与用户终端连接示意图如图 5-7 所示。

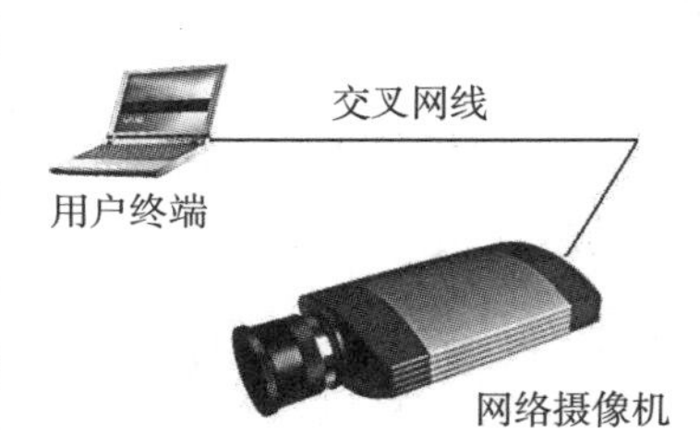

图 5-7　SB-6328 网络摄像机与用户终端连接示意图

SB–6328 网络摄像机是采用先进 MPEG–4 压缩技术的面向网络的新型视频产品，它基于互联网内建 Web 服务器，使用 TCP/IP 将压缩的图像实时传送，向用户提供一套图像清晰、实时的网络监控和应用解决方案。在不同的行业、环境都可以方便地在计算机网络上构建功能强大的多路视频监控系统。

（1）功能特征介绍如下。

1）安装方便，即插即看。内置 CPU 和影像编码器，只需连接电源和局域网即可。

2）适用于家庭、办公室和公用场所等。

3）兼容性强，支持多种网络协议，如 TCP/IP、SMTP、HTTP、PPPoE 及其他因特网相关协议。

4）操作简单，可以通过局域网或因特网管理和浏览。

5）看门狗可自动恢复系统功能。

6）可通过中、英文两种语言操作界面进行监控操作。

7）可实现软件下载升级。

8）采用 MPEG-4 图像压缩格式，图像清晰度高，传输速度快。

9）集成 RS232/RS485 通信端口便于扩充周边设备。

10）可靠性高，功耗低。

（2）网络特征介绍如下。

1）允许使用端口映射，用户可自定义 HTTP 端口。

2）支持 DDNS。

3）能够通过 SMTP 发送报警图像到管理员设定的邮箱。

4）支持 PPPoE 拨号功能。

（3）安全特征介绍如下。

1）用户密码设定，最大用户数为 5 个。

2）IP 过滤及 MAC 地址过滤。

（4）技术参数介绍如下。

1）工作电源：DC12V。

2）功率：≤ 5W。

3）尺寸：135mm × 88mm × 38mm。

4）分辨率：D1 为 720 × 576 像素，CIF 为 352 × 288 像素，QCIF 为 176 × 144 像素。

5）图像格式：MPEG-4。

6）帧数：PAL 最大 25 帧 /s；NTSC 最大 30 帧 /s。

7）工作环境：工作温度 -5~45℃，相对湿度＜ 85%。

小知识

（1）VTP（VLAN Trunking Protocol）是 VLAN 中继协议，也被称为虚拟局域网干道协议，它是思科公司的私有协议，大多数交换机都支持该协议。

（2）TCP/IP（Transmission Control Protocol/Internet Protocol）为传输控制协议 / 因特网互联协议，又名网络通信协议，是 Internet 最基本的协议，也是 Internet 国际互联网络的基础，由网络层的 IP 协议和传输层的 TCP 协议组成。

（3）SMTP（Simple Mail Transfer Protocol）是简单邮件传输协议，是一种提供可靠且有效电子邮件传输的协议，主要用于传输系统之间的邮件信息并提供来信有关的通知。

（4）HTTP（Hyper Text Transfer Protocol）是超文本传输协议，它是互联网上应用最

广泛的一种网络协议。

（5）PPPoE(Point to Point Protocol over Ethernet) 是基于以太网的点对点协议，实质上是以太网和拨号网络之间的一个中继协议。

（6）DDNS（Dynamic Domain Name Server）是动态域名服务，DDNS 是将用户的动态 IP 地址映射到一个固定的域名解析服务上，用户每次连接网络的时候，客户端程序就会通过信息传递把该主机的动态 IP 地址传送给位于服务商主机上的服务器程序，服务器程序负责提供 DNS 服务并实现动态域名解析。

2. 矩阵

本实训装置采用了 SANBOR SB 60 矩阵，该矩阵是集视频矩阵切换和系统控制于一体的完整监控系统设备。该系统适用于 8 台摄像机环接输入和 5 台监视器输出，可扩展为 32 台摄像机环接输入和 8 台监视器输出，控制变速云台。矩阵面板布局如图 5-8 所示。

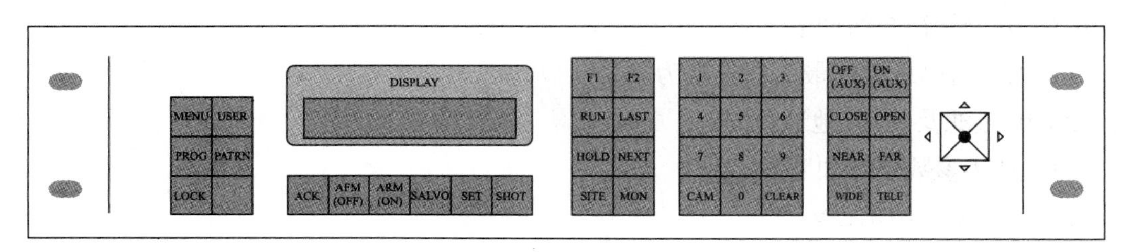

图 5-8　矩阵面板布局图

SB60 系统功能介绍如下。

（1）完整的前面板控制键盘，包含按键、云台操纵杆、液晶显示屏。

（2）视频切换，可将任意摄像机信号切换到任意监视器。

（3）自动队列切换。

（4）报警编程及联动。

（5）解码器的控制，能够驱动摄像机的云台镜头和备用功能。

3. 硬盘录像机

硬盘录像机一般是基于局域网或者广域网的视频录制，录制后存储在服务器硬盘中。本实训装置中采用大华 DH-DVR0404RW 硬盘录像机，其面板示意图如图 5-9 所示。

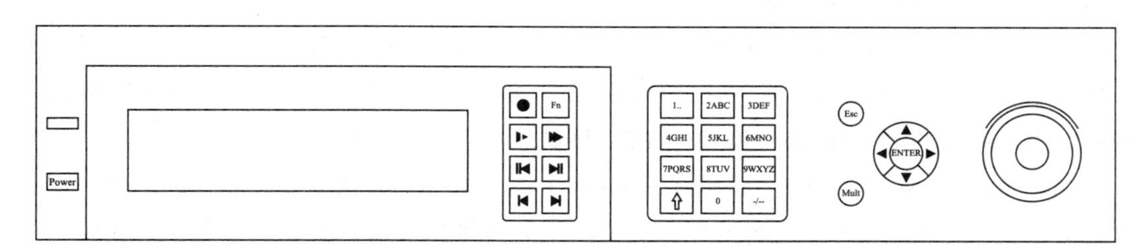

图 5-9　大华 DH-DVR0404RW 硬盘录像机

（1）实时监视功能介绍如下。

1）具备模拟输出接口和 VGA 接口，可通过监视器或显示器实现监视功能。

2）具备单画面 / 四画面监视功能。

3）实时显示录像码流和每小时所占用的空间。

4）通道画面提示通道状态，如录像、动态检测、视频丢失、监视锁定等。

（2）压缩方式介绍如下。

1）视频压缩方式：MPEG4/H.264。

2）支持 1 路 /2 路 /4 路 /8 路的视音频信号，视音频信号都由独立硬件进行实时压缩，声音与图像同步。

（3）存储功能介绍如下。

1）可内置 4 个 IDE 接口，可挂接 1~8 块各种容量硬盘。

2）硬盘工作管理采用非工作盘休眠处理，减少散热和功耗，延长硬盘寿命。

3）硬盘上文件可以选择覆盖式循环记录和非循环记录。

4）存储数据采用专用格式，无法篡改数据，保证数据安全。

（4）备份功能。

1）支持 IDE 接口刻录光驱进行备份。

2）支持 USB 接口存储器进行备份。

3）客户端计算机可以通过网络下载硬盘上的文件进行备份。

（5）录放像功能介绍如下。

1）多工操作，在每路实现独立全实时录像的同时，可实现单路回放检索及倒放、网络监视、录像查询下载等。

2）多种录像模式：手动录像、定时录像、报警联动录像、动态检测录像，其中动态检测、报警联动都有预录功能。

3）网络可以回放硬盘录像机上记录的文件。

4）普通录像与报警录像均可实现快速检索。

5）多种回放模式：慢放 3、慢放 2、慢放 1、正常、快放 3、快放 2、快放 1 及逐帧播放。

6）回放录像时可以显示事件发生的准确时间。

（6）报警联动功能。

1）具备 8 路外部电压量报警输入，并具备视频丢失报警、动态检测报警，报警设备可以是烟感探测器、温感探测器、红外探测器等。

2）具备多路继电器开关量报警输出，便捷地实现报警联动及现场的灯光控制。

3）报警输入及输出接口皆具有保护电路，确保主设备不受损坏。

（7）云台控制功能介绍如下。

1）支持通过 RS485 通信的云台解码器。

2）可扩展多种解码协议，便于实现云台和球机控制功能。

（8）通信接口介绍如下。

1）具备25芯接口，实现报警输入和联动控制。

2）具备RS232接口，可用于与键盘连接实现主控，与电脑串口的连接进行系统维护和升级以及矩阵控制等。

3）具备一个标准以太网接口，实现网络远程访问功能。

（9）网络操作功能介绍如下。

1）可通过网络进行远程实时监视。

2）可实现云台、镜头控制。

3）可实现录像查询及实时回放、下载。

4）可实现系统设置参数的修改及系统的软件升级。

5）可实现远程的报警处理及系统日志查看等功能。

6）采用嵌入式TCP/IP及嵌入式操作系统，可以直接通过Windows自带的IE浏览器访问。

7）采用三级用户管理模式，采用密码方式确认为合法用户后，方可登录。

（10）主要技术指标介绍如下。

1）主处理器：AMD ELANSC520/133嵌入式微处理器。

2）操作系统：实时操作系统（Real-Time Operating System，RTOS）。

3）操作界面：图形化菜单操作界面。

4）视频输入：4路复合视频（PAL/NTSC），BNC（$1.0V_{p-p}$，7.5Ω）。

5）视频输出：1路PAL/NTSC、BNC（$1.0V_{p-p}$，7.5Ω）复合视频信号，1路VGA显示器接口输出。

6）音频输入：4路音频输入200~1000mV，10kΩ（BNC同轴电缆插件）。

7）音频输出：1路音频输出3000mV，1kΩ（BNC同轴电缆插件）。

8）视频显示：4路画面显示。

9）视频标准：PAL（625线，50场/s），NTSC（525线，60场/s）。

10）系统资源：多路录像、录像回放、网络操作。

11）硬盘：内置4个IDE接口。

12）电源：AC220V 50Hz/110V 60Hz。

4. 一体化摄像机

一体化摄像机现在专指可自动聚焦、镜头内建的摄像机，其技术从家用摄像机技术发展而来。与传统摄像机相比，一体化摄像机小巧、美观，安装、使用方便，监控范围广，性价比高。一体化摄像机主要有半球形一体机、高速球形一体机、球形云台一体化摄像机和镜头内建一体机。严格来说，高速球形摄像机、半球形摄像机与一般的一体机

不是一个概念，但所用摄像机技术是一样的，因而也会将其归为一体化范畴。现在通常所说的一体化摄像机专指镜头内建、可自动聚焦的一体化摄像机。本实训装置中采用了亚安 YD5307 球形云台一体机和三星一体化摄像机 SCC-4201AP。

（1）亚安 YD5307 球形云台一体机的主要技术参数介绍如下。

1）输入电压：AC24V 50Hz/60Hz。

2）功率：云台为 10W，风冷为 2W，加热为 20W。

3）旋转角度：水平角度为 0°~355°，垂直角度为 0°~90°。

4）旋转限位：水平 / 垂直可调。

5）温控范围：风冷开为 37℃ ±5℃，关为 20℃ ±5℃；
加热开为 8℃ ±5℃，关为 20℃ ±5℃。

6）云台结构主要为 ABS（丙烯腈 - 丁二烯 - 苯乙烯）、聚甲醛，上罩为工程 ABS，球罩耐热不变形。

7）工作温度：-5~60℃。

（2）三星一体化摄像机 SCC-4201。

三星一体化摄像机 SCC-4201 是一种高性能的监视摄像机，具有 22 倍光学变焦镜头和 10 倍数码变焦镜头集成电路，以及多达 220 倍的变焦监视能力。

1）三星一体化摄像机 SCC-4201 的关键特征介绍如下。

①低光监视功能，即使在光照度极低的条件下也能捕获影像。

②白平衡功能，在任何光线条件下提供精确的彩色再现。

③背光补偿功能，即使在聚光灯或入射光线非常明亮的条件下，也可进行有效的背光补偿。

④自动聚焦功能，可自动聚焦于运动物体。

⑤ RS485 有线遥控功能。

2）三星一体化摄像机 SCC-4201 的规格介绍如下。

①内置 22 倍光学变焦及 10 倍数码变焦镜头，是 220 倍电动变焦彩色摄像机。

②具有 480 线以上的水平分辨率，最低光照度为 0.02lx，具有画中画功能，采用 DSP 数字信号处理技术，可设置区域背光补偿及适应多种光照条件的背光补偿，实现动态探测，达到 48dB 优质信噪比（S/N），具有屏幕显示菜单。

③三种可选白平衡控制方法为自动追踪白平衡、自动白平衡控制、手动（R/B 增益控制）。

④广播系统采用 PAL 标准彩色系统。

⑤成像装置采用 1/4in 索尼公司的超级 HAD CCD。

⑥有效像素为 752 × 582 像素。

⑦供电电压：DC12 V（1 ± 10%）V。

⑧功耗：5W。

5. 高速球形摄像机

本实训系统中采用了 SB-8803D 高速球形摄像机，如图 5-10 所示。SB-8803D 高速球形摄像机具有以下特性。

（1）直径为 6in 的无变形球罩，透光度高，摄取图像清晰。

（2）高强度合金铝压铸外壳，个性化设计，内置风扇、加热恒温系统。

（3）球机采用机芯、护罩分体设计，配置快装底板，更便于户外安装。

图 5-10　高速球形摄像机

（4）水平分辨率为彩色 480 线。

（5）具有自动光圈、自动对焦功能，灵敏度高。

（6）具有菜单选择功能，带自学习功能。

（7）水平角速度（0.5~300）°/s，360° 水平连续旋转，可设置两预置点之间线扫。

（8）垂直角速度（0.5~150）°/s，垂直 180° 自动翻转，消除监视盲区。

（9）80 个预置位任意存储，定位准确。

（10）采用 RS485 通信，便于系统连接，内置多协议解码器，兼容性强，运行显示通信状态。

（11）设置隐私遮挡功能，带报警输入 / 输出接口，联动预置点。

（12）轨迹角速度可达 300°/s。

技能训练

任务一　认识系统设备

一、任务目标

（1）认识 THPDF-1 型闭路电视监控及周边防范系统实训装置；

（2）掌握 THPDF-1 型闭路电视监控及周边防范系统实训装置的基本操作。

二、任务准备

THPDF-1 型闭路电视监控及周边防范系统实训装置。

三、任务原理

THPDF-1 型闭路电视监控及周边防范系统实训装置由摄像机、视频分配器、监视器、

电源和控制器等组成。

THPDF-1 型闭路电视监控及周边防范系统实训装置的基本原理是采用摄像机将图像调制成视频信号发射传输，该视频信号经过传输线送至监视器后，监视器再将其进行视频放大，调制解调成视频的行频、帧频信号，并经显示管上复原成图像。

本实训系统一般采用多台摄像机对应一台或者多台监视器，而通常的有线电视系统则是一台发射器对应多台电视机。

该实训装置中采用了多台摄像机对应 2 台监视器，外围增加红外探测器、紧急按钮报警输入设备，将声光报警器作为报警输出设备。

由图 5-6 可知，该实训装置监控设备主要包括高速球形摄像机、球形云台一体机、半球形彩色摄像机、网络摄像机、彩色枪机、黑白枪机、矩阵主机、数字硬盘录像机、监视器等；其报警输入输出设备包括紧急按钮、红外对射探测器及声光报警器。

四、任务操作

1. 认识 THPDF-1 型闭路电视监控及周边防范系统实训装置的主要设备

（1）球形云台一体机包含三部分：云台支架、球形云台、一体化摄像机。一体化摄像机固定在球形云台内，球形云台固定到云台支架上，采用壁装式固定。

（2）高速球形摄像机包含高速球体和支架两部分。高速球体固定到支架上，采用壁装式固定。

（3）黑白枪机与彩色枪机均包含枪机摄像机、枪机机壳两部分。枪机摄像机固定到枪机机壳内，采用壁装式固定。

（4）半球形彩色摄像机主要由半球形护罩、摄像机和底座组成。

（5）矩阵主机的前面板主要包含一个液晶显示屏、按键和一个操纵杆。

（6）数字硬盘录像机的前面板主要包含电源开关、数字键、指示灯、功能键和播放键。

2. THPDF-1 型闭路电视监控及周边防范系统实训装置的基本操作

（1）接线及通电。

按如图 5-11 所示对应连接任务线缆。

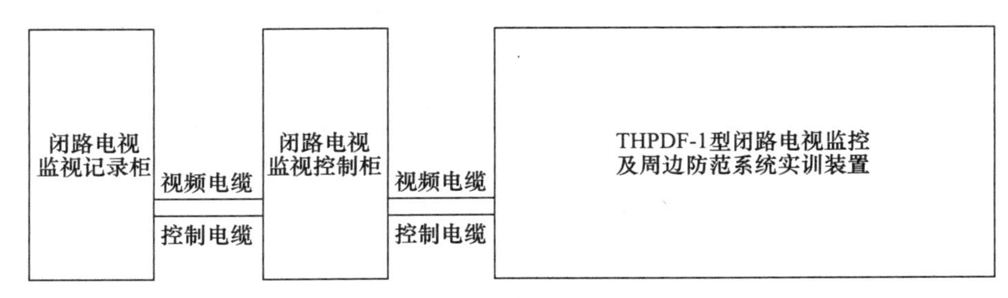

图 5-11　线缆连接图示

连接好实训装置及控制柜的单相三芯 AC220V 电源线，使用视频电缆对应连接实训装置 BNC 接口，如实训装置控制屏上的“BNC1”与闭路电视监视控制柜的“BNC1”相连接，连接实训装置的 19 芯通信控制电缆。接通电源，并打开实训装置的低压断路器及机柜中设备的电源开关。

（2）切换摄像机。

按矩阵主机键盘上的“CLEAR”键，在矩阵主机键盘上输入“1”，再按矩阵主机键盘“CAM”键，则将 15in 监视画面切换到摄像机“1”的监控画面；同理，则可以将 15in 监视画面切换到摄像机“1~5”的任何一个摄像机监控画面。

注意：本实训装置中只需连接矩阵 1~6 通道。若对应连接线缆，则通道应分别对应球形云台一体机、高速球形摄像机、网络摄像机、黑白枪机、半球形彩色摄像机和彩色枪机。

（3）控制高速球形摄像机。

使用矩阵主机将 15in 监视器的监视画面切换到球形云台一体机（摄像机“1”），上下、左右摇动矩阵主机的摇杆，则可将监视画面上下、左右移动。

使用矩阵主机键盘上的 TELE 或 WIDE 可以改变摄像机的放大倍数。NEAR 或 FAR 可以改变摄像机的聚焦。

（4）监视器多画面切换。

默认启动中，20in 监视器默认显示切割为 4 个画面，按下硬盘录像机上面的“MULT”或者遥控器上面的“多画面”按钮，则可以将 20in 监视器的显示画面在“多画面”与“单画面”之间切换。

在单画面显示画面，打开硬盘录像机的前挡板，按硬盘录像机控制面板上的“数字键”或遥控器上的“数字键”切换监视的摄像机通道；如在单画面显示下，按硬盘录像机的数字键“2”则将 20in 监视器的监视画面切换到摄像机“2”的监视画面。同理，可在 1~4 之间进行画面切换。

（5）硬盘录像机的录像。

按遥控器上的“录像”键或面板上的“●”键（注意：更改录像设置需输入高级密码 888888），将进入查看各通道的状态，数字反显（数字有白色背景）的通道为正在录像的通道，数字正常显示的通道为停止录像的通道。例如：各个通道的默认出厂设置为录像状态，即对应的面板数字键点亮；先按面板上的“●”键，接着按数字键“1”，则可将数字“1”取消反显状态，再按面板上的“●”键，即将录像状态进行保存，将通道 1 由正在录像状态改为停止录像状态。同理，可以修改 1~4 通道的录像状态。

注意：硬盘录像机的面板指示灯点亮表示该通道处于录像状态，反之，则表示该通道处于停止录像状态。

五、过程测评

任务一过程测评见表 5-1。

表 5-1　任务一过程测评

考核项目	考核要求	配分	评分标准	扣分	得分	备注
认识 THPDF-1 型闭路电视监控及周边防范系统实训装置的主要设备	熟悉 THPDF-1 型闭路电视监控及周边防范系统实训装置的主要设备	40	记错系统主要设备每个扣 1 分			
熟悉 THPDF-1 型闭路电视监控及周边防范系统实训装置的基本操作	1. 正确对任务进行接线 2. 正确操作摄像机的切换、高速球形摄像机的控制、监视器多画面切换、硬盘录像机的录像	55	1. 错、漏接线扣 2 分 2. 没有完成摄像机的切换、高速球形摄像机的控制、监视器多画面切换、硬盘录像机的录像（每个步骤完成有误或没有完成扣 2 分） 3. 操作混乱，没按操作步骤一一执行扣 3 分			
安全生产	自觉遵守安全文明生产规程	5	遵守不扣分，不遵守扣 5 分			
时间	2h		超过额定时间，每 5min 扣 2 分			
开始时间		结束时间		实际时间		
成绩						

任务二　系统布线及设备接线

一、任务目标

（1）认识 THPDF-1 型闭路电视监控及周边防范系统实训装置的布线；

（2）掌握 THPDF-1 型闭路电视监控及周边防范系统实训装置的设备接线。

二、任务准备

THPDF-1 型闭路电视监控及周边防范系统实训装置。

三、任务操作

（1）THPDF-1 型闭路电视监控及周边防范系统实训装置布线。

本实训装置中，将球形云台一体机、高速球形摄像机、黑白枪机、半球形彩色摄像机、彩色枪机的视频输出端连接到矩阵主机的视频输入端 1~5，将矩阵主机的视频并联输出端 1~4 连接到数字硬盘录像机的视频输入 1~4 接口，将红外对射探测器与紧急按钮的公共触点和常开触点连接到矩阵主机的报警输入端；声光报警器的输入端与电源之间串接矩阵的报警联动继电器，且连接到数字硬盘录像机的报警输入端。

THPDF–1 型闭路电视监控及周边防范系统实训装置的设备布线如图 5-12 所示。

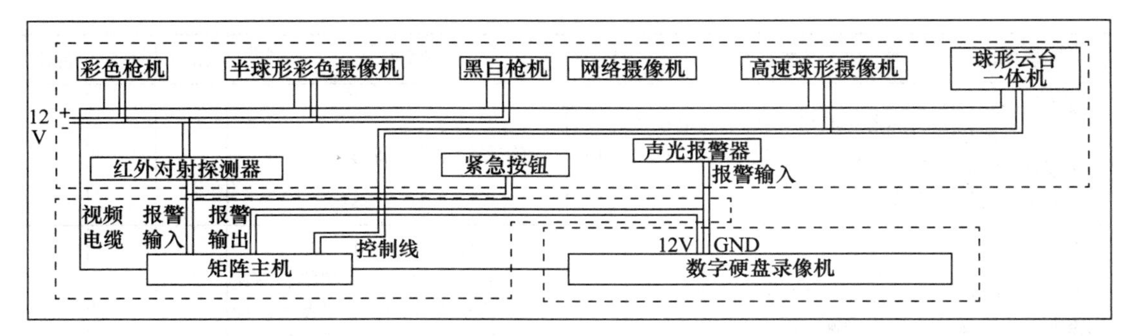

图 5-12 THPDF-1 型闭路电视监控及周边防范系统实训装置的设备布线图

（2）THPDF–1 型闭路电视监控及周边防范系统实训装置的主要设备接线。

1）球形云台一体机的接线如图 5-13 所示。

①球形云台一体机的视频输出端通过视频电缆连接到 BNC 接口 1。

②电源采用 AC24V。

③控制线的“+”端连接到航空插座第 2 脚上。

④控制线的“–”端连接到航空插座第 3 脚上。

2）高速球形摄像机的接线如图 5-14 所示。

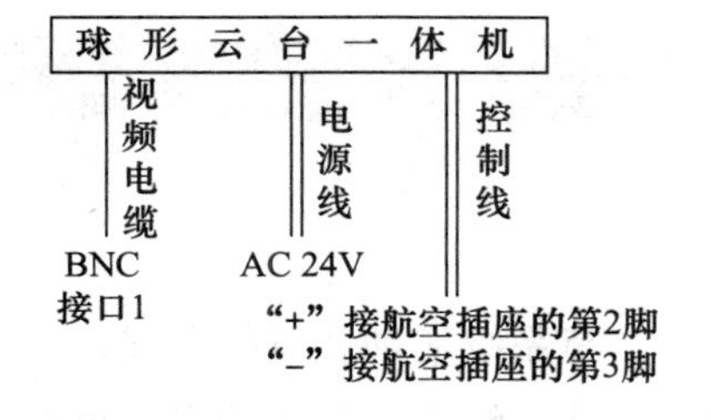

图 5-13 球形云台一体机的接线图

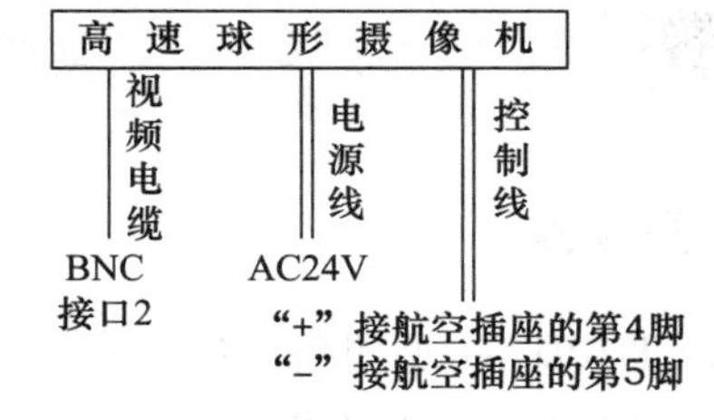

图 5-14 高速球形摄像机接线图

①高速球形摄像机的视频输出端通过视频电缆连接到 BNC 接口 2。

②电源采用 AC24V。

③控制线的“+”端连接到航空插座第 4 脚上。

④控制线的“–”端连接到航空插座第 5 脚上。

3）黑白枪机的接线如图 5-15 所示。

黑白枪机的视频输出端通过视频电缆连接到 BNC 接口 3，电源采用 DC12V。

4）半球形彩色摄像机的接线如图 5-16 所示。

半球形彩色摄像机的视频输出端通过视频电缆连接到 BNC 接口 4，电源采用 DC12V。

5）彩色枪机的接线如图 5-17 所示。

彩色枪机的视频输出端通过视频电缆连接到 BNC 接口 5，电源采用 DC12V。

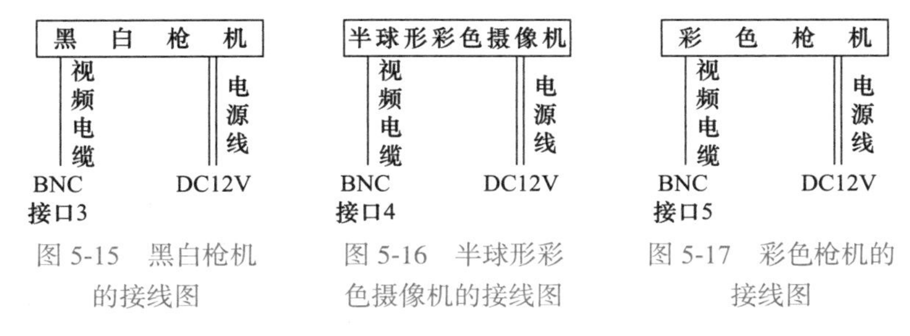

图 5-15　黑白枪机的接线图　图 5-16　半球形彩色摄像机的接线图　图 5-17　彩色枪机的接线图

6）任务台连接到航空插座的连线如图 5-18 所示。

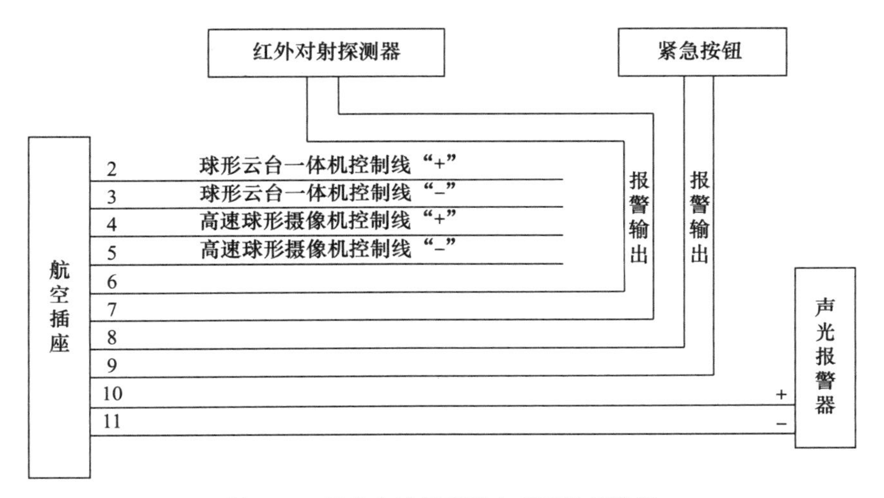

图 5-18　任务台连接到航空插座的接线图

球形云台一体机的控制线“+”端连接到航空插座的第 2 脚、控制线“–”端连接到第 3 脚；高速球形摄像机的控制线“+”端连接到航空插座的第 4 脚，控制线“–”端连接到第 5 脚；红外对射探测器与紧急按钮的常闭触点与公共触点依次连接到航空插座的第 6~9 脚；声光报警器的“+”“–”端连接到航空插座的第 10、11 脚。

7）控制柜与航空插座接线如图 5-19 所示。

闭路电视监视控制柜：矩阵 RS485 的 A 脚连接右边航空插座的第 2、4 脚，矩阵 RS485 的 B 脚连接右边航空插座的第 3、5 脚；矩阵主机的 ALARMS 的第 1、2 脚连接右边航空插座第 6、8 脚，ALARMS 的地线连接右边航空插座第 7、9 脚；矩阵主机 RELAYS 的常开触点 NO 连接到右边航空插座的第 10 脚及左边航空插座的第 3 脚，公共触点 COM 连接到左边航空插座的第 2 脚，右边航空插座的第 11 脚连接到左边航空插座的第 4 脚。

闭路电视监视记录柜：航空插座的第 2 脚连接到硬盘录像机的 12V 电源输出；航空插座的第 3 脚连接到硬盘录像机的 ALARMS 的第 1 脚；航空插座的第 4 脚连接到硬盘录

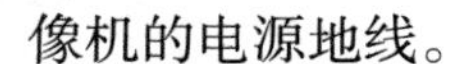

像机的电源地线。

注意：本实训装置中所有的线缆均已连接好，本实训只进行初步认识，不要求学生自己动手操作。

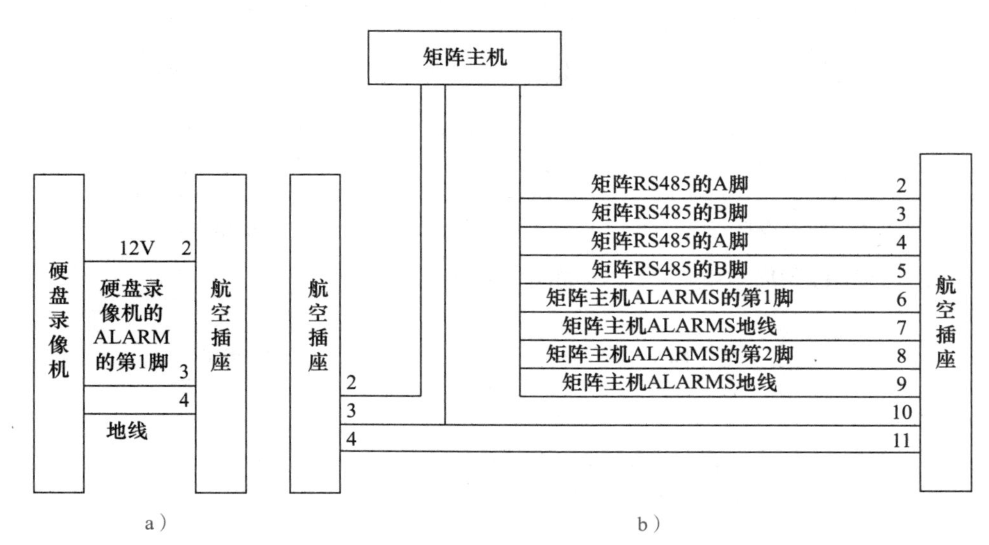

图 5-19　控制柜连接到航空插座的接线图

a）闭路电视监视控制柜　b）闭路电视监视记录柜

四、过程测评

任务二过程测评见表 5-2。

表 5-2　任务二过程测评

考核项目	考核要求	配分	评分标准	扣分	得分	备注
认识闭路电视监控及周边防范系统实训装置的布线	按布线图正确布线	40	1. 错、漏布线扣 3 分 2. 布线不合规范扣 3 分			
闭路电视监控及周边防范系统实训装置的主要设备接线	1. 按照接线图正确对球形云台一体机、高速球形摄像机、黑白枪机、半球形彩色摄像机、彩色枪机进行接线 2. 正确给航空插座与任务台、控制柜的接线	55	1. 错、漏接线（每个设备扣 2 分） 2. 没按规范接线扣 3 分 3. 航空插座与任务台和控制柜的接线有误各扣 3 分			
安全生产	自觉遵守安全文明生产规程	5	遵守不扣分，不遵守扣 5 分			
时间	2h		超过额定时间，每 5min 扣 2 分			
开始时间		结束时间		实际时间		
成绩						

任务三　镜头调试

一、任务目标

熟悉镜头的调试操作。

二、任务准备

THPDF-1 型闭路电视监控及周边防范系统实训装置。

三、任务操作

（1）连接实训装置线缆，并打开设备电源。

（2）使用矩阵主机将 15in 监视器的监视画面切换到摄像机 3。

（3）打开网络摄像机护罩，并在镜头前放置一个物体。

（4）旋松镜头上的固定螺钉，本任务中必须把镜头的两枚固定螺钉旋松。

（5）调节镜头的焦距（在镜头上标识为 N↔∞），使监视画面清晰，再把该固定螺钉旋紧。

（6）调节聚焦（在镜头上标识为 W↔T），使监视画面最清晰，再把该固定螺钉旋紧。

注意：各种摄像机镜头的调试大体上相同，主要的操作步骤为先调节镜头的焦距，接着调节聚焦，由于镜头生产厂家不同，标识或者功能会有细微的差别。本任务内容应在教师的指导下进行操作。

四、过程测评

任务三过程测评见表 5-3。

表 5-3　任务三过程测评

考核项目	考核要求	配分	评分标准	扣分	得分	备注
镜头调试	掌握镜头调试的操作	95	1. 调试前没有旋松镜头上的固定螺钉扣 3 分 2. 调节焦距有误扣 3 分 3. 调节聚焦有误扣 3 分			
安全生产	自觉遵守安全文明生产规程	5	遵守不扣分，不遵守扣 5 分			
时间	1h		超过额定时间，每 5min 扣 2 分			
开始时间		结束时间		实际时间		
成绩						

任务四 高速球形摄像机调试

一、任务目标

（1）了解高速球形摄像机的设置；

（2）学会高速球形摄像机的使用。

二、任务准备

THPDF-1 型闭路电视监控及周边防范系统实训装置。

三、任务操作

（1）高速球形摄像机设置

注意：本实训装置中已经将高速球形摄像机的地址码及协议码设置好，若要修改则须先断电，并在老师的指导下进行操作。

1）使用六角扳手将高速球形摄像机的半球防护罩取下，并参考产品使用说明书的相关内容，将地址码设置为 2（0100 0000 00），拨码开关设定为如图 5-20 所示状态。

2）协议码设置为：Pelco-P9600（0100 0），拨码开关设定为如图 5-21 所示状态。

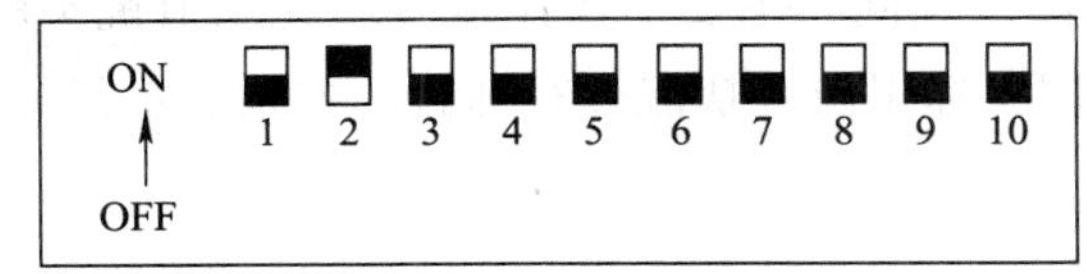

图 5-20 拨码开关设定

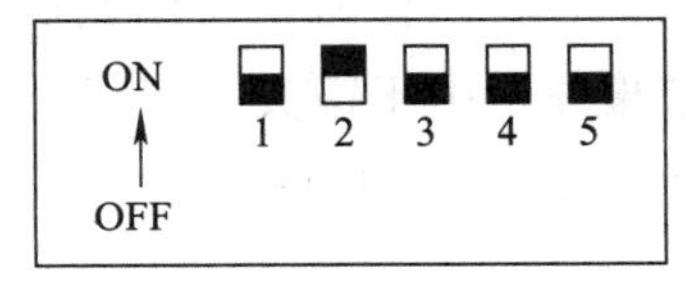

图 5-21 协议码设置

（2）高速球形摄像机的使用。

1）连接任务线缆：

①使用视频电缆对应连接 BNC 接口（可参考任务二的图 5-14），并连接好任务装置、控制柜、记录柜的通信控制电缆。

②打开低压断路器及各个设备的电源开关。

2）高速球形摄像机的常用功能：

①矩阵主机键盘“CLEAR”键用于清除键盘液晶显示屏数字显示区的显示内容。

②在矩阵主机键盘上输入“2”，该号码即显示在数字显示区上。

③按矩阵主机键盘“CAM”键，将 15in 监视器上的画面切换到高速球形摄像机的监视画面上。

④上下、左右摇动矩阵主机的摇杆，观察画面的变化过程，注意摇杆与移动的速度关系。

⑤矩阵的“TELE”或“WIDE”用于改变摄像机的放大倍数，能拉近或者推远观察画面。

3）预置点的设置：

①使用矩阵的“MENU”键，将矩阵切换到编程模式，即在矩阵液晶显示屏上的右上角显示“PG”。

②使用矩阵主机将15in监视器的监视画面切换到高速球形摄像机的监视画面，并使用矩阵的摇杆及改变放大倍数和聚焦的功能，调节高速球形摄像机对准预置点1的方位，按“CLEAR”键清除液晶屏数字显示区的显示内容。

③输入预置点号码“1”，接着按“SET”键，设置预置点1。

④改变高速球形摄像机对应到下一个预置点2，输入预置点号码“2”，接着按“SET”键，设置预置点2。

⑤同理，顺序输入其他的预置点。

注意：该高速球形摄像机可以记忆72个预置点，预置点可以记忆高速球形摄像机上下左右的位置、镜头的焦距、倍率，特殊预置点请参考矩阵主机的相关资料。例如，预置点8为高速球形摄像机的配置点，若调用该预置点则可进入高速球形摄像机的配置界面。预置点可任意设置，但不能使用特殊预置点。

4）预置点的调用：

①按“CLEAR”键清除液晶屏数字显示区的显示内容。

②输入预置点号码“1”，接着按“SHOT”键，调用预置点1。

③输入预置点号码“2”，接着按“SHOT”键，调用预置点2。

④同理，可以调用其他的预置点，使高速球形摄像机返回到预置点（其中第8号预置点的调用为高速球形摄像机的参数设置功能，第51~64号预置点的操作被定义为该高速球形摄像机的附加功能，调用这些预置点将调用对应的功能）。

5）线扫描（摄像机在两点之间来回移动）：

注意：线扫描的起点为预置点51，终点为预置点52。

①参考前面内容逆时针方向设置好线扫描的起点（预置点51）和终点（预置点52）。当线扫描的起点与终点重合时，云台做360°旋转。

②输入“51”，按“SHOT”键，高速球形摄像机线开始扫描。

③输入“52”，按“SHOT”键，高速球形摄像机线扫描结束。

6）巡视（逐点循环调用预置点）：

①输入“53”，按“SHOT”键，使高速球形摄像机巡视开始。

②移动摇杆或者切换到其他预置点均可以使高速球形摄像机巡视结束。

四、过程测评

任务四过程测评见表 5-4。

表 5-4　任务四过程测评

考核项目	考核要求	配分	评分标准	扣分	得分	备注
高速球形摄像机的设置	按说明书设置地址码和协议码	40	地址码和协议码设置未成功各扣 3 分			
高速球形摄像机的使用操作	掌握高速球形摄像机的使用操作	55	1. 高速球形摄像机、记录柜之间的接线有误扣 3 分 2. 高速球形摄像机常用功能不会操作或操作有误，每个功能扣 2 分 3. 预置点的设置和调用、线扫描不会操作或操作有误每个步骤扣 1 分			
安全生产	自觉遵守安全文明生产规程	5	遵守不扣分，不遵守扣 5 分			
时间	2h		超过额定时间，每 5min 扣 2 分			
开始时间		结束时间		实际时间		
成绩						

任务五　控制中心调试

一、任务目标

（1）认识控制中心——矩阵主机；

（2）学会矩阵主机的调试。

二、任务准备

THPDF–1 型闭路电视监控及周边防范系统实训装置。

三、任务操作

（1）接好实训装置线缆：视频线、电源线、通信控制电缆，并打开各个设备的开关。

（2）摄像机的切换。

1）在矩阵主机上按“CLEAR”键，清除液晶显示屏数字显示区的显示内容；

2）输入要调用的摄像机号“2”，并按键盘“CAM”键，此时，该摄像机 2 的画面将切换至指定的监视器上。

（3）摄像机的切换队列编程。

1）键入“62”且按键盘上的“PROG”键清除队列。

2）输入要切换的第一个摄像机号“1”，按键盘上的“CAM”键，切换到摄像机 1。

3）输入切换摄像机的停留时间“3”（注意：停留时间单位为 s，可以设置为 1~60s），按“PROG”键，完成摄像机画面停留时间的设置。

4）参考以上步骤设置第二个摄像机“2”、第三个摄像机“3”、第四个摄像机“4”，且设置它们的停留时间均为“3” s。

5）按“RUN”键，即可进入摄像机自动循环切换队列。

6）按“HOLD”键，即可将停止自动循环切换队列。

注意：一个队列中，摄像机的最大数目为 64。

（4）报警联动。

1）紧急按钮报警联动。

①使用矩阵主机切换到相应的监视器的摄像机监视画面，如“2”→“CAM”。

②按“MENU”键，将矩阵主机切换到编程状态，即右上角显示“PG”。

③在矩阵主机上输入报警显示类型代码“4”，按下前面板键盘上的“ON”（ARM）键。

④输入报警触点“2”，并按下设防键盘上的“LOCK”键；输入“5”→“CAM”。

注意：本实训装置中采用了报警触点 1 和 2，分别对应红外对射探测器和紧急按钮。

⑤按下紧急按钮，观察报警联动输出设备声光报警器状态及监视画面的变化。

⑥使用钥匙打开紧急按钮，观察报警联动输出设备声光报警器状态及监视画面的变化。

2）红外对射探测器报警联动。

①使用矩阵主机切换到相应的监视器的摄像机监视画面，如“1”→“CAM”。

②按“MENU”键，将矩阵主机切换到编程状态，即右上角显示“PG”。

③在矩阵主机上输入报警显示类型代码“4”，按下前面板键盘上的“ON”（ARM）键。

④输入报警触点“1”，并按下设防键盘上的“LOCK”键；输入“5”→“CAM”。

⑤将书挡在红外对射探测器的发射器和接收器中间，观察报警联动输出设备声光报警器状态及监视画面的变化。

⑥取出书，观察报警联动输出设备声光报警器状态及监视画面的变化时间约为 2min。

3）取消设防点：

①输入数字“16”后按下设防键盘上的“ON”（ARM）键取消设防。

②在红外对射探测器中间插入厚板或书本，观察报警联动输出设备声光报警器状态及监视画面的变化。

③按下手动报警按钮，观测报警联动输出设备声光报警器状态及监视画面的变化。

四、过程测评

任务五过程测评见表 5-5。

表 5-5 任务五过程测评

考核项目	考核要求	配分	评分标准	扣分	得分	备注
摄像机的切换和切换队列编程	掌握摄像机的切换和切换队列编程	40	1. 不会摄像机操作或操作有误每个步骤扣 1 分 2. 不会摄像机的切换队列编程或操作失误每个步骤扣 1 分			
报警联动操作	1.熟悉紧急按钮报警联动操作 2. 掌握红外线探测器报警联动操作 3. 正确操作取消预防点设置	55	1. 不会紧急按钮报警联动操作或操作有误每个步骤扣 1 分 2. 不会红外线探测器报警联动操作或操作有误每个步骤扣 1 分 3. 不会取消预防点设置或操作有误每个步骤扣 1 分			
安全生产	自觉遵守安全文明生产规程	5	遵守不扣分，不遵守扣 5 分			
时间	3h		超过额定时间，每 5min 扣 2 分			
开始时间		结束时间		实际时间		
成绩						

任务六 硬盘录像机操作

一、任务目标

（1）认识硬盘录像机；

（2）学会硬盘录像机的调试。

二、任务准备

THPDF–1 型闭路电视监控及周边防范系统实训装置。

三、任务操作

1. 认识硬盘录像机

硬盘录像机的外形如图 5-22 所示。

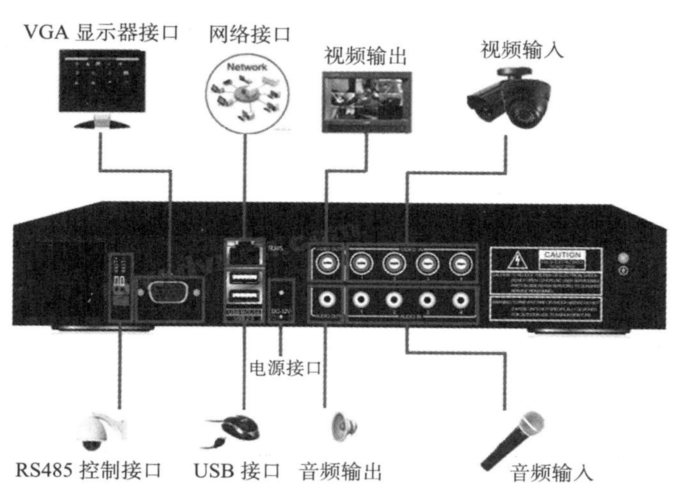

图 5-22　硬盘录像机外形

2. 硬盘录像机的应用

（1）开机与关机。

连接好实训装置的视频线缆、通信控制电缆及电源线，打开各个电源开关，即可开机。硬盘录像机断电前，应按住面板上的“POWER”键 4s 后，停止硬盘录像机的所有工作，方可拔掉电源线。

注意：请不要在未停止数字硬盘录像机的所有工作前，拔掉数字硬盘录像机的电源线。

（2）录像操作。

1）定时录像。

①在实时监视状态下，按“ENTER”确认键，输入密码“888888”，进入屏幕显示菜单。

注意：每次关闭硬盘录像机后，重新进入硬盘录像机的菜单设置时必须重新输入密码！

②进入“系统设置”→“定时设置”界面。

在“定时设置”界面中，设置通道为 1，星期全部选中（选中时，字符为反显状态，如“■”），定时 1 为 00：00~24：00（此处可以设置需要录像的时间），状态为开，其他保持默认值。改变硬盘摄像机的设置参数后均须设置保存并退出，使设置生效。

③等待 10min，按硬盘录像机面板上的“POWER”键 4s 后，并在提示下输入关机密码“888888”，即可关闭硬盘录像机。

④重新打开硬盘录像机，按“ENTER”键进入“菜单”→“录像查询”→“普通查询”菜单。

⑤通道选择 1，时间比开始录像的时间稍早一点儿，选择“开始查询”，即可直接将通道 1 的录像记录播放。

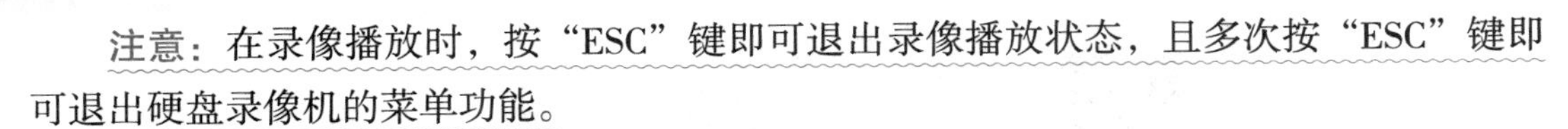

注意：在录像播放时，按“ESC”键即可退出录像播放状态，且多次按“ESC”键即可退出硬盘录像机的菜单功能。

2）手动录像。

①进入“菜单”→“系统设置”→“定时设置”菜单。

②将“定时设置”页面的参数设置为通道 1，星期全部选中，定时 1、2 不变，状态全部为关。设置后保存并退出，使设置生效。

③按遥控器上的“录像”键或面板上的“●”键，查看录像菜单中各通道的状态，通道的数值处于反显状态则表示该通道处于录像状态，若数值显示正常则表示该通道处于停止录像状态。

注意：面板数字键的指示灯用于指示该通道是否处于录像状态，若该通道的指示灯点亮，则说明处于录像状态。

④通过按下硬盘录像机面板的数字键可改变该通道的录像状态，并且只有在按“●”键保存录像设置时生效，若按“ESC”键则改变的状态不生效。

⑤先将通道 1 改为停止录像状态，等待 3min 后，再将通道 1 改为开始录像状态；10min 后，重新将通道 1 改为停止录像状态。

⑥进入“菜单”→“录像查询”→“普通查询”菜单。

⑦将通道选择为 1，时间比开始录像的时间稍早一点儿，选择“开始播放”，即可直接将该设置时间后通道 1 的录像记录播放。

⑧录像播放完毕后，将提示“回放完毕”，此时可按“ENTER”键返回“录像查询”界面。

3）报警录像。

①进入“菜单”→“系统设置”→“报警设置”菜单。

②进行“报警设置”页面设置：报警输入为 1，设备类型为常开型，录像通道为 1，录像延时 30s，定时 1 为 00：00~24：00，状态为开；其他采用默认设置，并将设置保存、退出，使设置生效。

③将矩阵主机的报警输入设置为顺序方式、立即清除（即监视器设防代码为 1），具体步骤为：在矩阵主机上，按“MENU”键将矩阵主机切换到编程状态，按“1”→“CAM”，并输入报警显示类型代码“1”，按“ON”（ARM）键进入设防编程，输入报警触点序号“2”，按设防键盘的“LOCK”键进行设防。

④按下紧急按钮，观察连接到硬盘录像机的监视器输出。

⑤ 1min 后，使用钥匙打开紧急按钮，观察监视画面的变化。

⑥按下“ENTER”键，确认硬盘录像机的报警，并等待 10min。

⑦进入“菜单”→“录像菜单”→“报警查询”菜单，设置参数通道为 1，类型为外部报警，日期是当前做任务的日期，时间要求比报警时间稍早一点儿。

⑧选择“开始查询”，并选中当前报警录像记录，即可观察记录的画面。

4）动态录像。

①操作矩阵将摄像机 2 的镜头对准静态物体。

②进入“菜单”→“系统设置”→“定时设置”菜单。

③将“定时设置”页面的参数设置为通道 2，星期全部选中，定时 1、2 不变，状态全部为关。将设置保存并退出，使设置生效。

④进入“菜单”→“系统设置”→“动态设置”菜单。

⑤将“动态设置”页面的参数设置为通道为 2，延时为 30s，报警为关闭，灵敏度为中，定时 1 为 00 : 00~24 : 00，状态为开，定时 2 不变。设置区域分为 192（16 × 12）个区域，红色区域代表当前光标所在位置，蓝色区域为动态检测设防区，颜色正常的为不设防区；设置区域完成后，按“ESC”键退出，并在“动态设置”界面下选择“保存”按钮来保存设置。

⑥等待 3min 后，人走到摄像机 2 前面，观察画面的变化，5min 后，走出摄像机的动态报警范围，一直观察画面的变化，持续 3min。

⑦进入“菜单”→“录像查询”→“报警查询”菜单，设置通道为 2，日期为前一天的日期，时间不变，选择“开始查询”，进入查询结果中，选中刚刚动态录像的监控录像，观察画面。

（3）网络连接操作。

1）设备连接：使用 RJ45 数据跳线连接硬盘录像机引出到闭路电视监视记录柜的以太网接口与 HUB 的以太网接口，并使用 RJ45 数据跳线连接 HUB 的以太网接口与计算机的以太网接口。

2）网络设置：

①在实时监视状态下，按“ENTER”确认键，输入密码“888888”，进入屏幕显示菜单。

②通过使用“上、下、左、右”方向键，进入“系统设置”→“网络设置”界面。

③使用“左”“右”选择各个选项，使用“上”“下”或输入相应的数字将“IP 地址”设置为 192.168.001.111，“子网掩码”设置为“255.255.255.000”，“默认网关”设置为 192.168.001.001，“回放协议”设置为 TCP，其他保持默认设置，完成后保存退出。

④启动计算机，右击桌面上的“网上邻居”，然后顺序单击“属性”→“本地连接”→“Internet 协议（TCP/IP）”，将网卡的 IP 地址设为 192.168.1.10，子网掩码设为 255.255.255.0，默认网关设为 192.168.1.1。

3）网络检测：在计算机上利用“ping 192.168.1.111”来检测网络是否连通，返回 TTL 值一般小于或等于 256 为正常。

4）网络操作：打开计算机的 IE 浏览器并在地址栏输入硬盘录像机登录的 IP 地址 192.168.1.111。初次打开时，会弹出是否接受 ActiveX 插件，选择“接受”，系统自动识别安装该插件；单击“登录”按钮，并在“登录”对话框中输入用户名及密码“admin”“admin”（系统默认均为 admin）；设置参数形式与硬盘录像机类似。

5）计算机监控

①安装光盘中“硬盘录像机\客户端”目录下的“DH_Client6.43.exe”文件。

②运行桌面上的快捷方式“DS-IRECClient”，打开“多路硬盘录像系统”软件。

③单击“登录系统”，在弹出的对话框的“选择登录方式”中选中“网络登录”，单击“确定”按钮。

④在“登录录像机”页面单击“添加”按钮，输入名称为硬盘录像机，IP 地址或域名为 192.168.1.111，端口号为 37777，单击“确定”按钮，保存设置。

⑤选中名称“硬盘录像机”，单击“登录”按钮，并在弹出的对话框中输入用户名及密码：admin，admin。系统登录成功。

⑥登录系统后即可对硬盘录像机进行参数设置。

四、过程测评

任务六过程测评见表 5-6。

表 5-6　任务六过程测评

考核项目	考核要求	配分	评分标准	扣分	得分	备注
硬盘录像机的操作	掌握实时录像、手动录像、报警录像、动态录像的操作	40	1. 操作时忽略注意事项扣 2 分 2. 不会定时录像、手动录像、报警录像、动态录像操作或操作有误的，每个操作步骤扣 1 分			
网络连接操作	1. 正确对设备进行接线 2. 掌握网络设置、检测、操作以及计算机监控	55	1. 设备连接有误扣 2 分 2. 不会网络设置、检测、操作以及计算机监控操作或操作有误的，每个步骤扣 1 分			
安全生产	自觉遵守安全文明生产规程	5	遵守不扣分，不遵守扣 5 分			
时间	2h		超过额定时间，每 5min 扣 2 分			
开始时间		结束时间		实际时间		
成绩						

任务七　系统故障分析与处理

一、任务目标

了解系统故障的种类及处理方法。

二、任务准备

THPDF-1 型闭路电视监控及周边防范系统实训装置。

三、任务操作

1. 地址故障

故障分析：由于球形摄像机的地址与矩阵主机的设置不一致，造成的通信和显示不统一。

解决方法：将球形摄像机的地址设置为与矩阵主机一致。

例：

1）将高速球形摄像机的地址码改为 10，即地址码为“0101 0000 00”，其他连线照旧。

2）从矩阵键盘输入旧地址码“2”，按“CAM”键将摄像机切换到高速球形摄像机。

3）扳动矩阵主机的摇杆，观察画面的变化及高速球形摄像机的镜头转动状态。

4）从矩阵键盘输入地址码“10”，按“CAM”键将摄像机切换到高速球形摄像机。

5）扳动矩阵主机的摇杆，观察画面的变化及高速球形摄像机的镜头转动状态。

6）将高速球形摄像机的地址码改变为 2，即地址码为“0100 0000 00”。

7）从矩阵键盘输入旧地址码“2”，按“CAM”键将摄像机切换到高速球形摄像机。

8）扳动矩阵主机的摇杆，观察画面的变化及高速球形摄像机的镜头转动状态。

2. 协议故障

故障分析：由于球形摄像机的通信协议不一致，造成矩阵主机对球形摄像机不可控。

解决方法：将球形摄像机的通信协议设置为与矩阵主机采用的协议一致。本实训装置中，矩阵主机采用的是 Pelco-P 9600 通信协议。

例：

1）从矩阵键盘输入“2”，按“CAM”键将摄像机切换到高速球形摄像机。

2）扳动矩阵主机的摇杆，观察画面的变化及高速摄像机镜头的转动状态。

3）将高速球形摄像机的协议码改为 B01，即协议码为“0000 0”，连线照旧。

4）从矩阵键盘输入“2”，按“CAM”键将摄像机切换到高速球形摄像机。

5）扳动矩阵主机的摇杆，观察画面的变化及摄像机镜头的转动状态。

6）将高速球形摄像机的协议码改为 Pelco P9600，即协议码为“0100 0”。

7）从矩阵键盘输入“2”，按“CAM”键将摄像机切换到高速球形摄像机。

8）扳动矩阵主机的摇杆，观察画面的变化及摄像机镜头的转动状态。

注意：更改高速球形摄像机的地址或协议时，应将高速球形摄像机断电，并在教师的指导下打开高速球形摄像机的半球形护罩，进行修改操作。

3. 其他故障

故障分析：其他故障一般为线路上存在的故障，如信号线缆的短路与断路，主要现象为该通路无图像或者硬盘录像机无法正常启动。

解决方法：查出信号线缆短路或者断路的地方，将短路的地方分开，将断路的地方连接起来。

四、过程测评

任务七过程测评见表5-7。

表5-7　任务七过程测评

考核项目	考核要求	配分	评分标准	扣分	得分	备注
地址故障解决方法	掌握解决地址故障的基本操作	40	1. 不会解决地址故障或操作有误，每个操作步骤扣1分 2. 更改摄像机地址时没有断电扣2分			
协议故障解决方法	掌握协议故障的解决方法	55	1. 不会解决协议故障或操作有误，每个操作步骤扣1分 2. 更改摄像机协议没有断电扣2分			
安全生产	自觉遵守安全文明生产规程	5	遵守不扣分，不遵守扣5分			
时间	2h		超过额定时间，每5min扣2分			
开始时间		结束时间		实际时间		
成绩						

任务八　网络摄像机的使用

一、任务目标

（1）认识网络摄像机；

（2）学会使用网络摄像机。

二、任务准备

THPDF–1型闭路电视监控及周边防范系统实训装置。

三、任务操作

1. 认识网络摄像机

网络摄像机的外形如图5-23所示。

（1）网络摄像机支持的网络：10 Base-T 以太网、ADSL、电缆调制解调器。

（2）对计算机的要求：

1）CPU：Pentium Ⅲ以上。

2）CPU 时钟：800MHz 以上。

3）内存（RAM）：128MB 以上。

4）操作系统：Windows 98/ME/NT/2000/XP。

5）显示器分辨率：800×600 像素以上。

6）显卡：16MB 以上。

7）浏览器：Internet Explorer 5.0 以上。

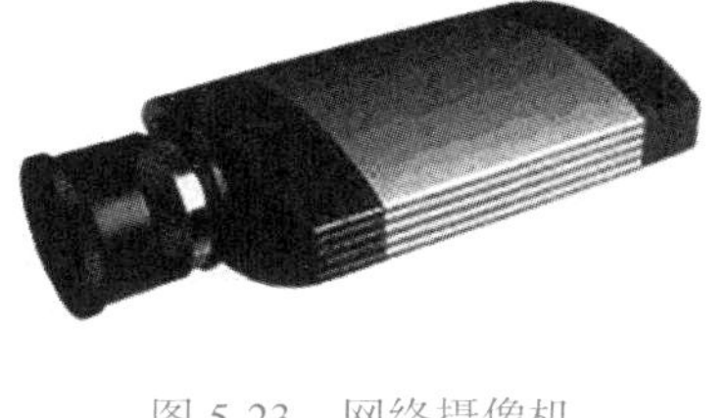

图 5-23　网络摄像机

2. 学会使用网络摄像机

（1）网络摄像机的连接设置。

1）使用网线连接网络摄像机的网络接口与集线器（HUB）的网络接口，集线器的另外一个网络接口与计算机的网卡接口相连接。

2）连接好网络摄像机及集线器的电源线，并接通电源。

3）打开“网络摄像机 \SANBOR 网络摄像机软件 \Camviewer 4ch”文件夹，进入与操作系统相应的文件夹，安装 WebCam Viewer 软件，如图 5-24 所示。

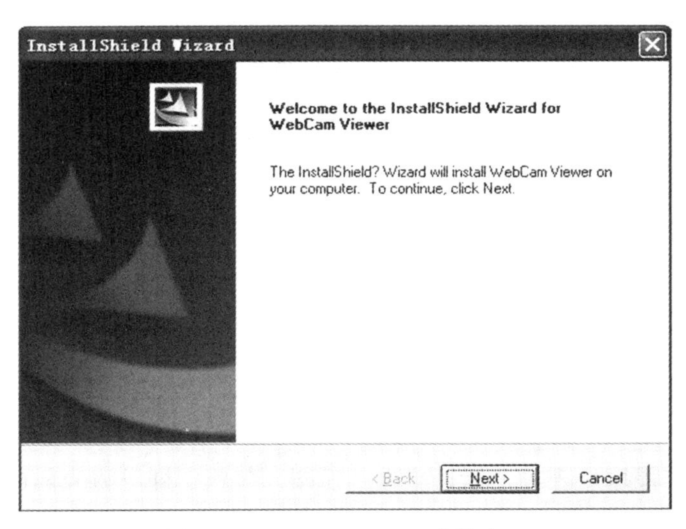

图 5-24　WebCam Viewer 安装窗口

4）采用默认的设置安装好 WebCam Viewer 软件。

（2）网络摄像机的使用。

1）在计算机上打开 IE 浏览器，并在地址栏输入地址：192.168.1.126。若是第一次运行，则需要在提示下安装 ActiveX 控件，完成后打开界面如图 5-25 所示。

2）输入用户名为 admin，密码为空，即可打开如图 5-26 所示界面。

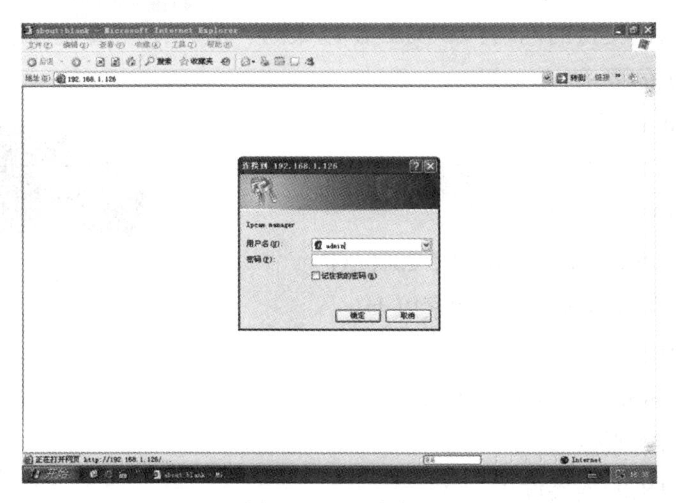

图 5-25　登录窗口

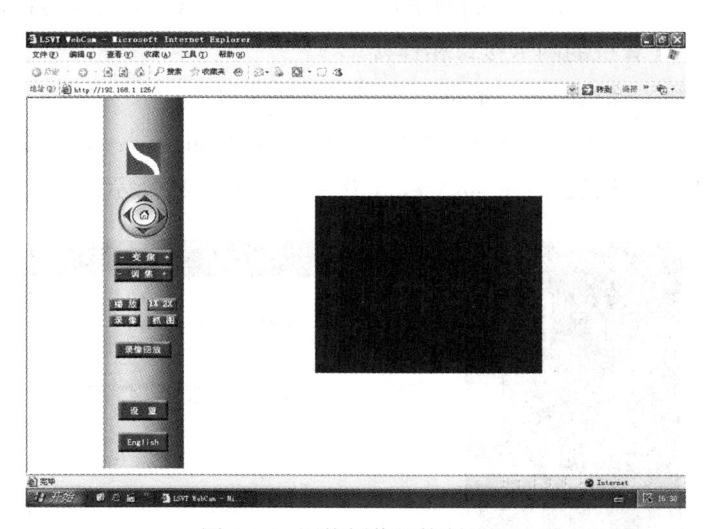

图 5-26　网络摄像机控制界面

3）单击“播放”按钮，即可将网络摄像机的监视画面通过 IE 浏览器进行浏览；单击“1× 2×”可将监视画面的大小放大 1 倍或 2 倍；单击“录像”按钮，可以将监视画面保存到计算机上，方便以后查询记录；单击“抓图”按钮，即可将当前画面以图像的格式保存到计算机上。

注意:“录像”和“抓图”的保存路径可在网络摄像机设置中的“音视频设置”进行，并要求创建相应的目录。

（3）网络摄像机的设置。

1）网络摄像机系统设置界面如图 5-27 所示，主要包括网络摄像机的版本号、摄像机名称、软件映像重启、复位、恢复出厂设置等设置内容。若要使修改生效，则需在修改后单击“保存”按钮，并单击“重启”按钮才可以。

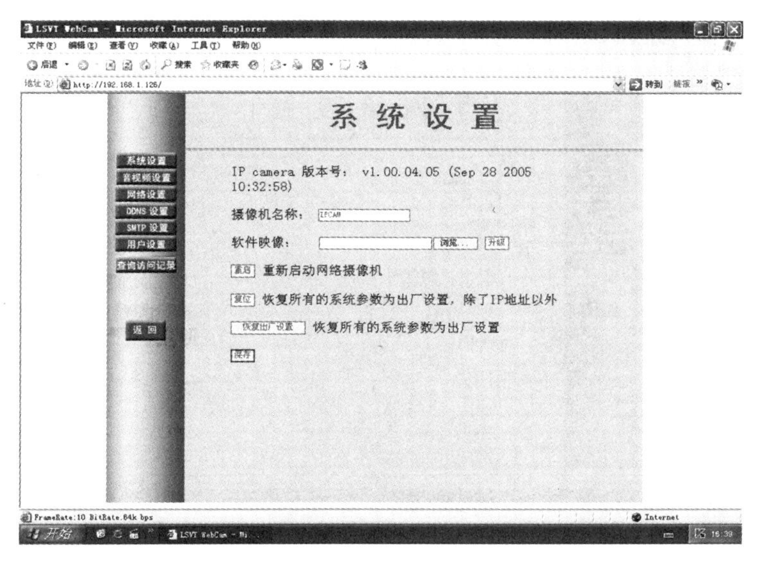

图 5-27　网络摄像机设置界面

2）网络摄像机的音视频设置主要包含与音视频相关的技术参数，设置界面如图 5-28 所示。

图 5-28　网络摄像机音视频设置界面

3）网络摄像机的网络设置包含 IP 地址、DNS 服务器及 HTTP 的端口，设置界面如图 5-29 所示。

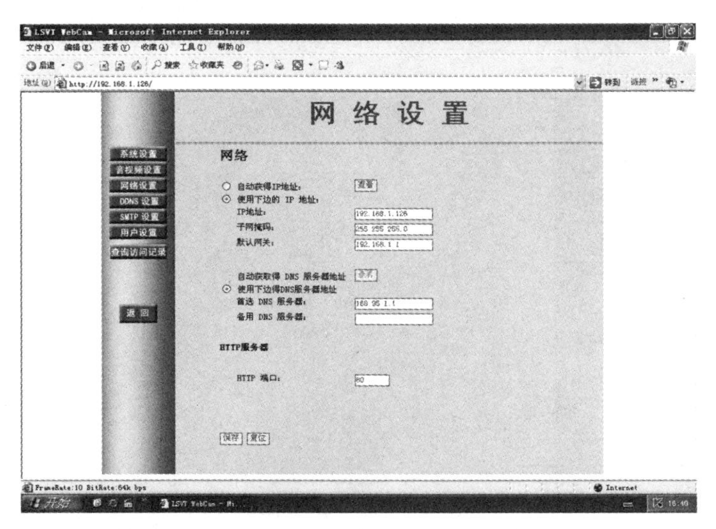

图 5-29 网络摄像机网络设置界面

4）网络摄像机的其他设置主要有 DDNS 设置、SMTP 设置、用户设置和查询访问记录。

① DDNS 设置为动态 DNS 服务，必须在本机支持的两种 DNS 服务商中申请域名及账号。

② SMTP 设置为自动发送邮件设置。

③用户设置主要用于用户的管理及控制。

注意：DNS 服务商为 PeanuHull（www.oray.net）或者 Dyndns（Dyndns.org）。

（4）CamViewer 的使用。

1）单击桌面上 CamViewer 图标，打开 CamViewer 软件，如图 5-30 所示。

2）在 CamViewer 标题栏上右击，即可弹出右键菜单。

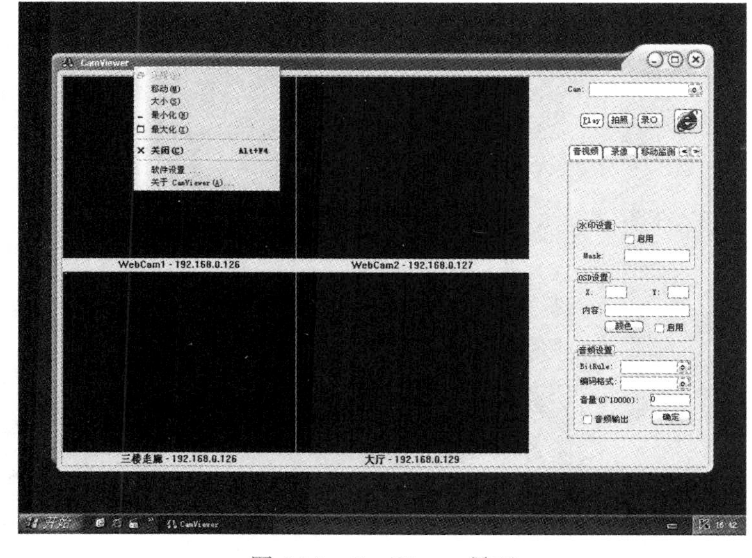

图 5-30 CamViewer 界面

选择“软件设置”选项，在弹出窗口将网络摄像机名称改为网络摄像机，网络摄像机地址改为 192.168.1.126，选择“启用该摄像机”选项。单击“网络摄像机配置”栏中的“应用”按钮，并单击“格式参数”内的“应用”按钮，使设置生效，然后关闭“软件设置”窗口。

3）双击“网络摄像机 -192.168.1.126”窗口，将网络摄像机的监视画面布满监控界面，单击“Play”按钮，即可显示网络摄像机的监控画面，如图 5-31 所示。

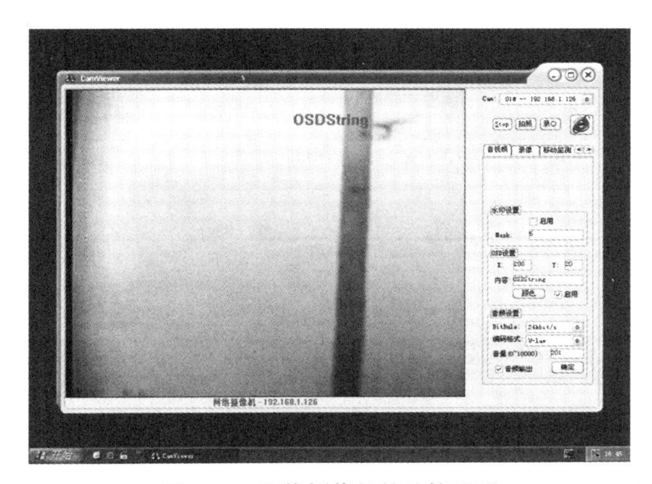

图 5-31　网络摄像机的监控画面

软件监控主要功能有抓图、录像、音视频设置、录像设置等。

注意：

（1）采用 IE 浏览器监控画面必须先安装 WebCamViewer 软件及相关的插件。

（2）若忘记网络视频服务器的 IP 地址或者管理网页的密码，可以采用短接 COM 口的 1 端口与 6 端口的方法（地线与复位线）恢复出厂设置。

（3）网络摄像机的 IP 地址与计算机的 IP 地址要求在同一个网段内。

（4）最大支持 5 个用户同时访问网络摄像机。

（5）若画面模糊，可调整网络摄像机镜头的焦距环到适当的焦距。

四、过程测评

任务八过程测评见表 5-8。

表 5-8　任务八过程测评

考核项目	考核要求	配分	评分标准	扣分	得分	备注
网络摄像机的连接设置	1. 连接好网络摄像机及集线器的电源线 2. 正确安装网络摄像机软件	35	1. 错、漏接线扣 2 分 2. 摄像机软件安装失败扣 2 分			

（续）

考核项目	考核要求	配分	评分标准	扣分	得分	备注
网络摄像机的使用	熟悉网络摄像机的使用	30	1. 安装控件失败扣 2 分 2. 没有按要求使用网络摄像机扣 3 分			
网络摄像机的设置和 CamViewer 的使用	1. 熟悉网络摄像机的设置 2. 熟悉 CamViewer 的使用	30	1. 不会修改网络摄像机的名字和地址或没有修改成功各扣 2 分 2. 忽略注意事项盲目操作扣 2 分			
安全生产	自觉遵守安全文明生产规程	5	遵守不扣分，不遵守扣 5 分			
时间	3h		超过额定时间，每 5min 扣 2 分			
开始时间		结束时间		实际时间		
成绩						

任务九　数字化图像监控系统组建

一、任务目标

组建并实现数字化图像监控。

二、任务准备

THPDF-1 型闭路电视监控及周边防范系统实训装置。

三、任务操作

1. 数字化图像监控系统的接线

连接实训装置的电源线、通信控制线缆，并对应连接视频电缆，打开实训装置及设备的电源开关，使用网线连接监视记录柜到集线器，并连接集线器到计算机。

2. 矩阵参数设置

（1）按矩阵主机的“CLEAR”键，清除液晶显示屏数字显示区的显示内容。

（2）在矩阵上输入摄像机“2”，并按“CAM”键切换到摄像机 2 的监控画面，移动摇杆，将摄像机 2 的镜头对准无动态物体的方向。

（3）按“MENU”键将矩阵主机切换到编程状态，即右上角显示“PG”。

（4）在矩阵主机上输入报警显示类型代码“1”，按“ON”（ARM）键进入设防编程。

（5）输入报警触点序号“1”，按矩阵键盘上的“LOCK”键进行设防；输入报警触点序号“2”，按矩阵键盘上的“LOCK”键进行设防。

（6）输入“62”且按矩阵键盘上的“PROG”键进入队列编程（注意：本操作将对以前的队列清除）。

（7）输入要切换的第一个摄像机号“1”，按矩阵键盘上的“CAM”键。

（8）输入切换摄像机的停留时间“3”s，按矩阵键盘上的“PROG”键，完成摄像机画面停留时间的设置。

（9）同理，输入切换的第二、三、四摄像机号进行相应操作。

（10）按“RUN”键，即可进入摄像机自动切换队列。

3. 硬盘录像机参数设置

（1）在实时监视状态下，按硬盘录像机的“ENTER”确认键，输入密码“888888”，进入屏幕显示菜单。

（2）进入“菜单”→“系统设置”→“网络设置”菜单。

（3）将“IP 地址”设置为 192.168.001.111，“子网掩码”设置为“255.255.255.000”，“默认网关”设置为 192.168.001.001，“回放协议”设置为 TCP。

（4）启动计算机，右击桌面上的“网上邻居”，然后单击“属性”→“本地连接”→“Internet 协议（TCP/IP）”，将网卡的 IP 地址设为 192.168.1.10，子网掩码设为 255.255.255.0，默认网关设为 192.168.1.1。

（5）在计算机上利用“ping 192.168.1.111”来检测网络是否连通，返回 TTL 值一般小于或等于 256 为正常。

（6）运行“DS-IRECClient”软件，界面如图 5-32 所示。

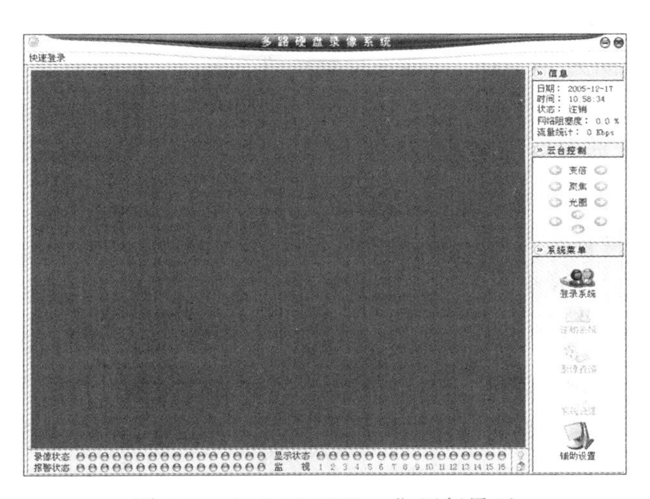

图 5-32　“DS-IRECClient”运行界面

（7）单击“登录系统”，即可弹出“选择登录方式”对话框。

（8）选择“网络登录”方式，单击“确定”按钮，即可弹出“登录录像机”对话框。

（9）单击“添加”按钮，并在弹出的“添加录像机”对话框中输入名称 192.168.1.111，

IP 地址或域名为 192.168.1.111，单击“确定”按钮，保存设置。

（10）选择刚刚添加的硬盘录像机，并单击“登录”按钮，即可弹出“用户验证”对话框。

（11）在“用户验证”对话框中输入用户名 admin、密码 admin，单击“确定”按钮，即对硬盘录像机进行参数设置。

（12）在界面上右击弹出右键菜单，则可以选择“实时监控”菜单的各个通道进行监控，操作窗口如图 5-33 所示。

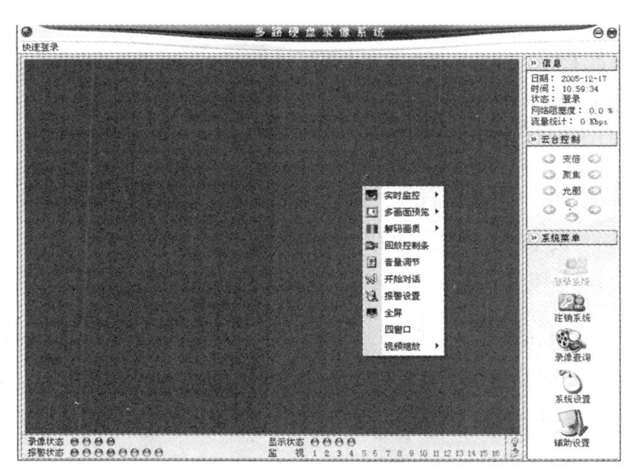

图 5-33 “实时监控”操作窗口

（13）单击“系统设置”图标，打开系统设置的对话框，选择“定时设置”栏。

（14）在“定时设置”页面，通道选择 1，星期选择全部，状态全部选择关，开始时间为 00:00，结束时间为 24:00，其他保持默认值，单击“保存通道”按钮。

（15）在“定时设置”页面，通道选择 2，星期选择全部，时间 1、2 的状态选择关，动态检测定时 1 状态选择开，动态检测定时 2 状态选择关，开始时间为 00:00，结束时间为 24:00，单击“保存通道”按钮。

（16）在“定时设置”页面，通道选择 3，星期选择全部，时间 1 的状态选择开，时间 2 及动态检测定时 1、2 的状态选择关，开始时间为 00:00，结束时间为 24:00，单击“保存通道”按钮。

（17）在“定时设置”页面，通道选择 4，星期选择全部，时间 1 的状态选择开，时间 2 及动态检测定时 1、2 的状态选择关，开始时间为 00:00，结束时间为 24:00，单击“保存通道”按钮。

（18）在系统设置对话框中，选择“动态检测”栏，通道选择 2，选中全部的检测区域（橙色区域为用户所选动态检测区，正常显示区域为正常区域），延时选择 30s，灵敏度选择高，报警输出选择 2，录像通道选择 2，单击“保存通道”按钮。

（19）在系统设置对话框中，选择“报警”栏，报警端口为 1，录像通道选择 1，输

出端口选择 1，单击“保存端口”按钮。

（20）单击系统设置对话框中的“保存”按钮，保存并退出系统设置。

（21）在多路硬盘录像系统的显示区内右击，选择“多画面预览”→“四画面预览模式 1”，并将各个画面分配给 1~4 通道显示。

4. WEB 监控

（1）在计算机上运行 IE 浏览器，并在浏览器的地址栏输入 http：//192.168.1.111。

（2）若第一次运行，则提示要求安装 http：//192.168.1.111/webrec.cab，如图 5-34 所示，在弹出的“安全设置警告”对话框中单击“是”按钮，执行安装并运行。

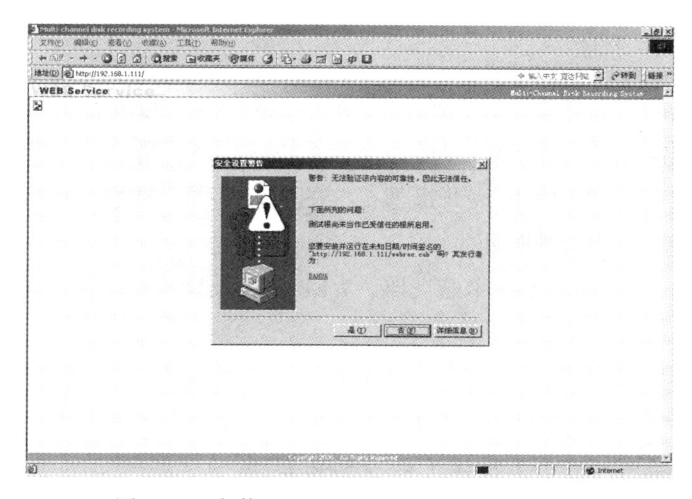

图 5-34　安装 http：//192.168.1.111/webrec.cab

（3）单击 WEB 页面中的登录按钮，并在弹出的“登录”窗口中输入用户名 admin、密码 admin，单击“确定”按钮，进入 WEB 监控界面，如图 5-35 所示。

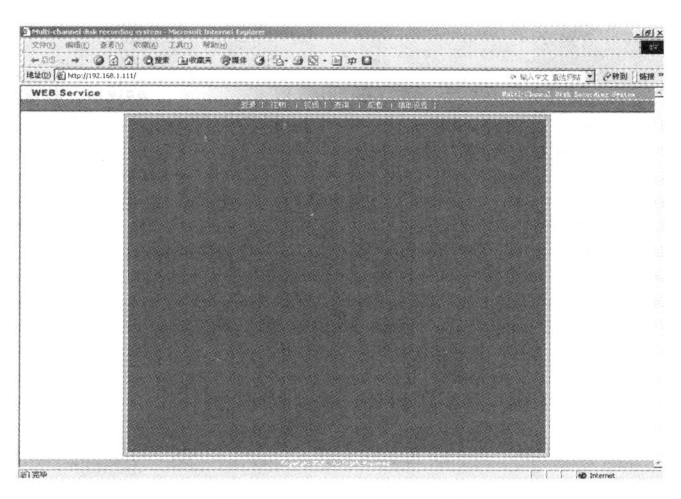

图 5-35　WEB 监控界面

（4）单击“视频”按钮，选择实时监控或多画面预览方式进行监控。

5. 报警联动

（1）按下紧急按钮，观察各个监视器、WEB 监控及计算机应用软件部分的监视画面。

（2）3min 后，将紧急按钮复原，再次观察各个监视器、WEB 监控及计算机应用软件部分的监视画面。

（3）10min 后，将书本插入到红外对射探测器的发送器及接收器之间，观察各个监视器、WEB 监控及计算机应用软件部分的监视画面。

（4）3min 后，取出书本，观察各个监视器、WEB 监控及计算机应用软件部分的监视画面。

6. 动态检测

（1）让运动的物体（如人走过去或者使用手在摄像机 2 的镜头前晃动）进入摄像机 2 的监视范围，观察各个监视器、WEB 监控及计算机应用软件部分的监视画面。

（2）3min 后，让运动的物体离开摄像机 2 的监视范围，观察各个监视器、WEB 监控及计算机应用软件部分的监视画面。

（3）等待 10min，再次观察各个监视器、WEB 监控及计算机应用软件部分的监视画面。

7. 录像查询与下载

（1）单击“多路硬盘录像系统”的“录像查询”按钮，在弹出的“录像查询”窗口中，类型选择录像，通道选择 3 或者 4，输入的日期比当前日期（硬盘录像机上面的时间）早 1 天以上，单击“查询”按钮（见图 5-36）。

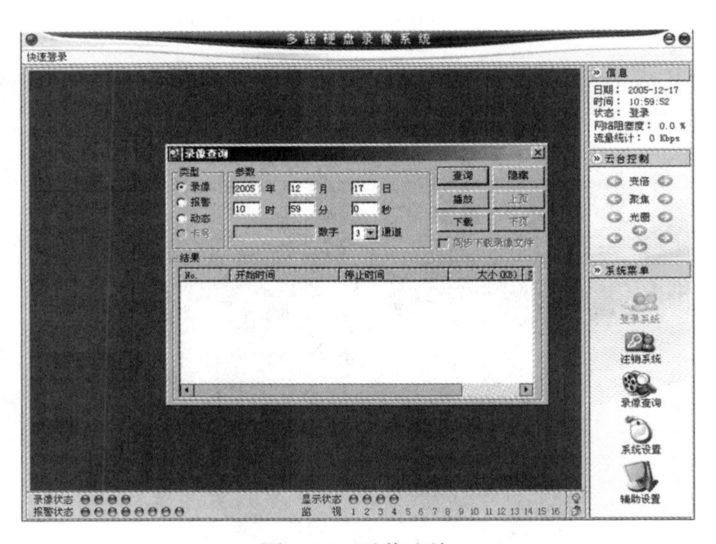

图 5-36　录像查询

（2）将页面翻到最后一页，找到当前日期的录像记录，单击选中并播放，查看录像记录，单击“下载”按钮即可将当前日期的录像记录下载到计算机上。

（3）在“录像查询”窗口中，类型选择报警，通道选择1，输入的日期比当前日期（硬盘录像机上面的时间）早1天以上，单击“查询”按钮。

（4）将页面翻到最后一页，找到当前日期的录像记录，单击选中并播放，查看录像记录，单击“下载”按钮即可将当前日期的录像记录下载到计算机上。

（5）在“录像查询”窗口中，类型选择动态，通道选择2，输入的时间比当前开始录像的时间（硬盘录像机上面的时间）早1天以上，单击“查询”按钮。

（6）将页面翻到最后一页，找到当前日期的录像记录，单击选中并播放，查看录像记录，单击“下载”按钮即可将当前日期的录像记录下载到计算机上。

8. 录像的播放

打开“DS–IPlayer”播放器，单击“播放”按钮，即打开“Open Media File…”对话框，在这个对话框中保存录像的路径中选择录像文档后，单击“打开”按钮，则自动播放录像记录。

四、过程测评

任务九过程测评见表5-9。

表5-9　任务九过程测评

考核项目	考核要求	配分	评分标准	扣分	得分	备注
数字化图像监控系统的连线	正确连接实训设备的电源线、通信控制线缆并对应连接好视频电缆	35	1. 错、漏接线扣2分 2. 接线不按标准规范扣2分			
参数设置	熟悉对矩阵、硬盘录像机的参数设置操作	30	不会矩阵主机、硬盘录像机的参数设置或操作步骤有误的，每个步骤扣1分			
WEB监控、动态监测、录像查询下载与播放	掌握WEB监控、动态监测、录像查询下载与播放	30	1. 不会WEB监控、动态监测、录像查询下载与播放或操作步骤有误的，每个步骤扣1分 2. 操作混乱，不按操作步骤一一执行扣2分			
安全生产	自觉遵守安全文明生产规程	5	遵守不扣分，不遵守扣5分			
时间	3h		超过额定时间，每5min扣2分			
开始时间		结束时间		实际时间		
成绩						

复习思考题

（1）画出球形云台一体机、高速球形摄像机的接线图?

（2）简单复述高速球形摄像机调试步骤?

（3）如何操作硬盘录像机实现“定时录像”“手动录像”？

（4）如何解决高速球形摄像机“地址故障”“协议故障”？

项目六

对讲门禁控制系统操作与实训

项目目标

（1）认识对讲门禁控制系统，了解门禁及对讲控制系统的基本结构；

（2）在熟悉传感器技术、计算机技术、电子通信技术等知识的基础上，掌握门禁及对讲控制系统的使用与维护；

（3）能利用 GJS–1 型门禁及可视对讲系统实训设备进行实训操作。

相关知识

一、功能概述

GJS–1 型门禁及可视对讲系统（见图 6-1）是利用计算机技术、网络技术、布线技术，将对讲、门禁有机结合在一起的系统。系统结构灵活，具有一定的扩展能力，可形象灵活地模拟楼宇对讲、门禁系统的操作演示、系统设置、线路设计等内容。有的系统甚至是完全按照实际楼宇施工要求安装和设计，可实现呼叫、对讲、监视、密码开锁、刷卡开锁、遥控开锁、家居报警、报警时间显示、刷卡信息、报警信息自动存储等功能，多台设备之间还可以实现联网管理，配合上位机软件，还可以进行卡片发放、员工考勤等管理功能。通过该实训系统的操作能让学生全面认识、掌握对讲门禁系统的各种应用模式，同时也为培养学生技能、研究对讲门禁工程应用提供了良好的平台。

二、系统结构图

GJS–1 型门禁及可视对讲系统的结构图如图 6-1 所示。

三、系统组成

GJS–1 型门禁及可视对讲系统的门禁部分由管理中心机、HY–2001C 门禁考勤控制器、

2009EIDLW 门禁控制器、电控锁、电插锁、门磁和感应卡等部分组成。

可视对讲部分由门口主机、室内可视分机、磁力锁等组成，通过管理中心机和门禁考勤部分构成一整套系统。

1. 管理中心机

该系统管理中心机选用深圳威视安公司生产的管理中心机彩色可视 V828GH，产品外形如图 6-2 所示，主要技术参数见表 6-1。

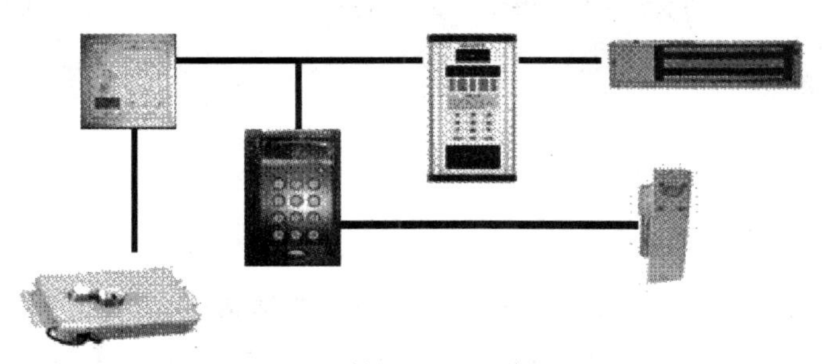

图 6-1　GJS-1 型门禁及可视对讲系统结构示意图

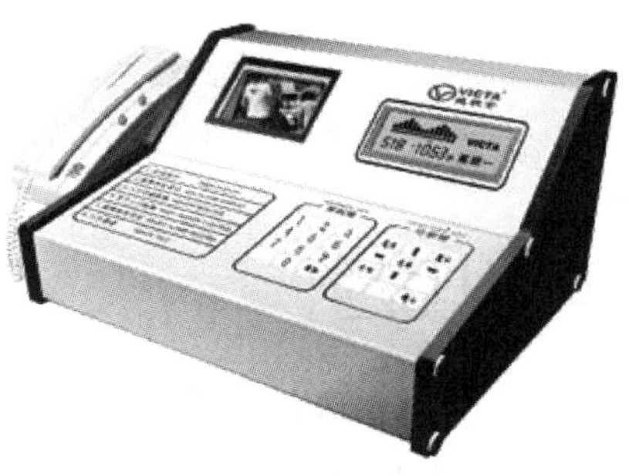

图 6-2　管理中心机彩色可视 V828GH

表 6-1　技术参数表

功能特性	技术参数
1. 4in 彩色显示、4in 黑白显像管	通话时限：120s
2. 豪华不锈钢面板、外观豪华、典雅大方	工作电压：DC18V
3. 透明按键，自动夜光	工作电流：静态 130mA
4. 自动红外补光功能，夜间亦可捕捉到清晰的图像	工作湿度：< 95%
5. 显示屏可显示日期、时间、版本号、公司商标、花园名称、报警人的栋号、楼层号、房号、分配器信息、中英文、数字显示	工作温度：-25~55℃ 音频输出不失真功率：主呼通道> 75mW
6. 报警信息存储：可存储用户报警时间、警种	应答通道> 0.1W
7. 报警信息查询：可查阅用户报警时间、警种、报警人的栋号、楼层号、房号、分配器信息号码，可具体分为已处理信息和未处理信息	频率响应：300Hz~3.4kHz
8. 报警信息容量为 32 条以上	
9. 单键发码功能，在查阅到的当前号码时，按发码键即可呼叫用户	外形尺寸：369mm × 192mm × 295mm
10. 可连接计算机系统	外观材质：不锈钢

2. HY-2001C 门禁考勤控制器（图 6-3）

HY-2001C 采用先进的射频卡技术（ID），有三种开锁方式分别为密码、插卡、插卡 + 密码；控制器可设置常开（常闭）开锁方式及开锁时间；设置有室内开关按钮和有线门铃按钮；直接可配置各种 12V 系列电锁，并可同时配置两把电锁；具有防止乱拆或破坏功能，可即时发出报警，且以 LED 状态显示。

该控制器主要功能为：

（1）用户数量最大可达到 20000 个，保存打卡记录最多可达 65500 条。

（2）用“485”转换器与电脑串行联网，方便后台管理使用。

（3）收集开锁记录，在电脑上查询开锁（考勤）明细。

（4）设置挂失 / 消挂用户卡，卡片可重复使用。

（5）校对时钟，准确记录用户读卡开锁（考勤）时间。

（6）设定后，一卡可开启多个门锁，并设置多种开锁权限。

（7）3 个 LED 指示灯进行状态显示。

（8）配置室内开门按钮及有线门铃按钮。

（9）外接读头组成双向开锁。

（10）与考勤、消费、停车场等实行一卡通系统。

技术参数见表 6-2。

图 6-3　HY-2001C 门禁考勤控制器

表 6-2　HY-2001C 门禁考勤控制器技术参数表

参数指标	配置	参数指标	配置
通信接口	RS485	输入电源	直流 12V
传输速率	9600bit/s	动态功耗	1.8W
传输距离	< 1.2km	输入电流	200mA
读写时间	< 0.5s	工作温度	-10~70℃
读写距离	> 50mm	工作湿度	10%~90%
记录容量	65500 条	静态功耗	0.8W

3. HY-2009E-LW 门禁考勤系统

HY-2009E-LW 门禁考勤系统的特点：可对工作日、假日的时间进行权限设置；外接一个韦根读头，可组成一个具有防潜回功能的双门控制器；具有通道功能，具有多个输入口，可接出门按钮、门磁等；可对每个卡号按照不同权限分组，赋予不同的日期段、时间段的进出权限，以及节假日进出权限；支持密码、卡和卡 + 密码三种开锁模式；支持 ID、Mifare 卡等多种感应卡；全中文液晶显示，屏幕可中英文切换，含国家二级标准字库；采用大容量存储器，系统最多可以连接 256 台控制器，每个控制器可外接一个读头，实现进出双向管理。

产品外形及技术参数见表 6-3。

4. 可视对讲门口主机

选用的产品为型号为 V828ZV-J4 四总线彩色可视主机，产品外形及主要技术参数见表 6-4。

表 6-3 HY-2009E-LW 门禁考勤系统外形及技术参数表

技术参数		外形
读卡类型	IC、ID 感应卡	
数据存储量	40000 条打卡记录，3000 条报警记录	
用户数量	20000 人	
通信接口	一个标准 RS485 接口，传输速率 9600/57600bit/s，距离 1200/150m	
电源供电	DC12V/0.3A	
平均功耗	< 200mA/12V	
环境温度	工作 0~40℃，存贮 -40~60℃	
环境湿度	工作 60%~90%，存贮 < 90%（无凝水）	
重量	0.5kg	
尺寸	（长）164mm ×（宽）108mm ×（高）35mm	
读卡时间	Mifare 小于 0.3s，ID 小于 0.5s	
读写距离	> 5cm	

表 6-4 可视对讲门口主机技术参数

功能特性	技术参数	外形
1. 外观豪华、典雅大方，透明按键 2. 自动夜光红外补光功能，夜间亦可捕捉到清晰的图像 3. 可与室内分机实现监视、呼叫、对讲及开锁功能 4. 可实现密码开锁及刷卡开锁采用总线制布线方式 5. 底壳尺寸 113mm × 318mm × 32mm 6. 外形尺寸 127mm × 342mm × 11mm 7. 外观材质为锌合金	数码管显示：4 位 呼叫号码：4 位 通话时限：120s 工作电压：DC12V 工作电流：静态 180mA，动态 230mA 工作湿度：< 95% 工作温度：-25~55℃ 摄像头：1/3 SONY 摄像头 清晰度：420 线 扫描频率：15625Hz、50Hz 最低光照度：0.2lx 视频输出：PAL 制式 1V_{p-p} 音频输出不失真功率： 主呼通道 > 75mW 应答通道 > 0.1W 频率响应：300Hz~3.4kHz	

5. 室内可视分机

室内可视分机的产品外形及主要技术参数见表 6-5。

表 6-5　室内可视分机技术参数

功能特性	技术参数	外形
1. 7in 彩色液晶显示屏 2. 时尚大方、轻巧美观，具有流线型美工设计，彰显超凡个性 3. 可与主机实现监视、呼叫、对讲及开锁功能 4. 具有紧急求助、免提通话、占线提示、免打扰功能 5. 和弦铃声随意选择 6. 普通与多警种自由选择 7. 多警种防区可根据客户要求设计 8. 可用遥控器布防、撤防 9. 可接 DC12V 供电的常见各类型的报警传感器设置，如红外、烟感、门磁等	工作电压：DC18V 工作电流：静态 < 50mA 动态 < 550mA 频率响应：300Hz~3.4kHz 音频输出不失真功率：0.2W 视频信号：CCIR（PAL）制，$1V_{P-P}$ 幅度，75Ω 阻抗 工作温度：-25~55℃ 环境湿度：< 95% 安装：壁挂式安装 外形尺寸 253mm × 164mm × 25mm 外观材质为铝合金拉丝、喷砂	

6. 其他部分

主要包括出门按钮、锁具、ID 卡、电源等，这里不再一一介绍。

技能训练

任务一　认识门禁及可视对讲系统

一、任务目标

（1）掌握门禁及可视对讲系统的结构；

（2）认识常用的锁具；

（3）掌握门禁及可视对讲系统的基本工作原理。

二、任务准备

GJS-1 型门禁及可视对讲系统。

三、任务操作

1. 认识门禁部分

认识各种常用的锁具，了解其控制特性。认识 HY-2009E-LW 门禁考勤系统、门禁控制器、出门按钮、门磁、电源等接线方式，如图 6-4 所示。

2. 认识可视对讲部分

了解可视对讲部分的主要组成，认识门口主机和室内分机。

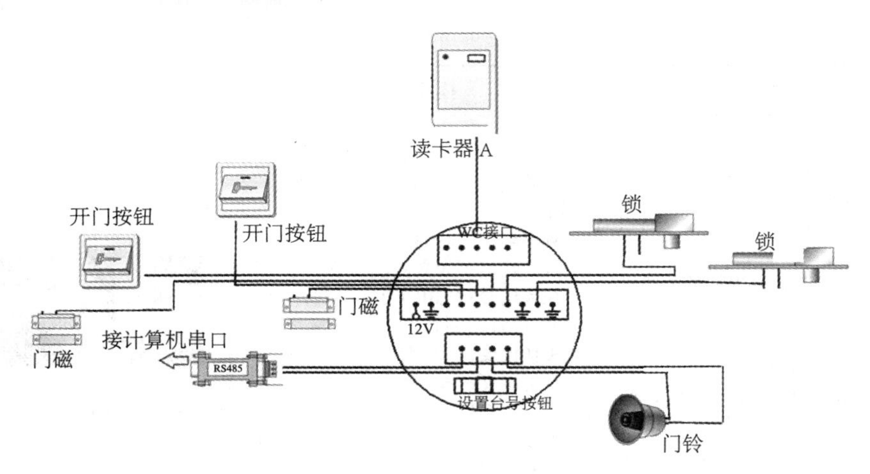

图 6-4 门禁系统接线方式

四、过程测评

任务一过程测评见表 6-6。

表 6-6 任务一过程测评

<table>
<tr><th>考核项目</th><th colspan="2">考核要求</th><th>配分</th><th colspan="2">评分标准</th><th>扣分</th><th>得分</th><th>备注</th></tr>
<tr><td>认识门禁及可视对讲系统</td><td colspan="2">熟悉门禁与可视对讲系统</td><td>95</td><td colspan="2">不熟悉门禁与可视对讲系统每个部分扣 3 分</td><td></td><td></td><td></td></tr>
<tr><td>安全生产</td><td colspan="2">自觉遵守安全文明生产规程</td><td>5</td><td colspan="2">遵守不扣分，不遵守扣 5 分</td><td></td><td></td><td></td></tr>
<tr><td>时间</td><td colspan="2">1h</td><td></td><td colspan="2">超过额定时间，每 5min 扣 2 分</td><td></td><td></td><td></td></tr>
<tr><td>开始时间</td><td></td><td colspan="2">结束时间</td><td></td><td>实际时间</td><td colspan="3"></td></tr>
<tr><td>成绩</td><td colspan="8"></td></tr>
</table>

任务二 门禁及可视对讲系统的安装与使用

一、任务目标

（1）了解 PVC 线槽布设的基本方法；
（2）了解常见锁具安装方法；
（3）能进行控制器、电源等设备的连接。

二、任务准备

GJS–1 型门禁及可视对讲系统。

三、任务操作

（1）电插锁的安装方法。

门禁常用的电锁有电插锁、磁力锁、电锁口和电控锁等。电插锁也被称作阳极锁，其实它只是阳极锁的一种，即停电开门的电锁。

电插锁的安装步骤如图 6-5 所示。

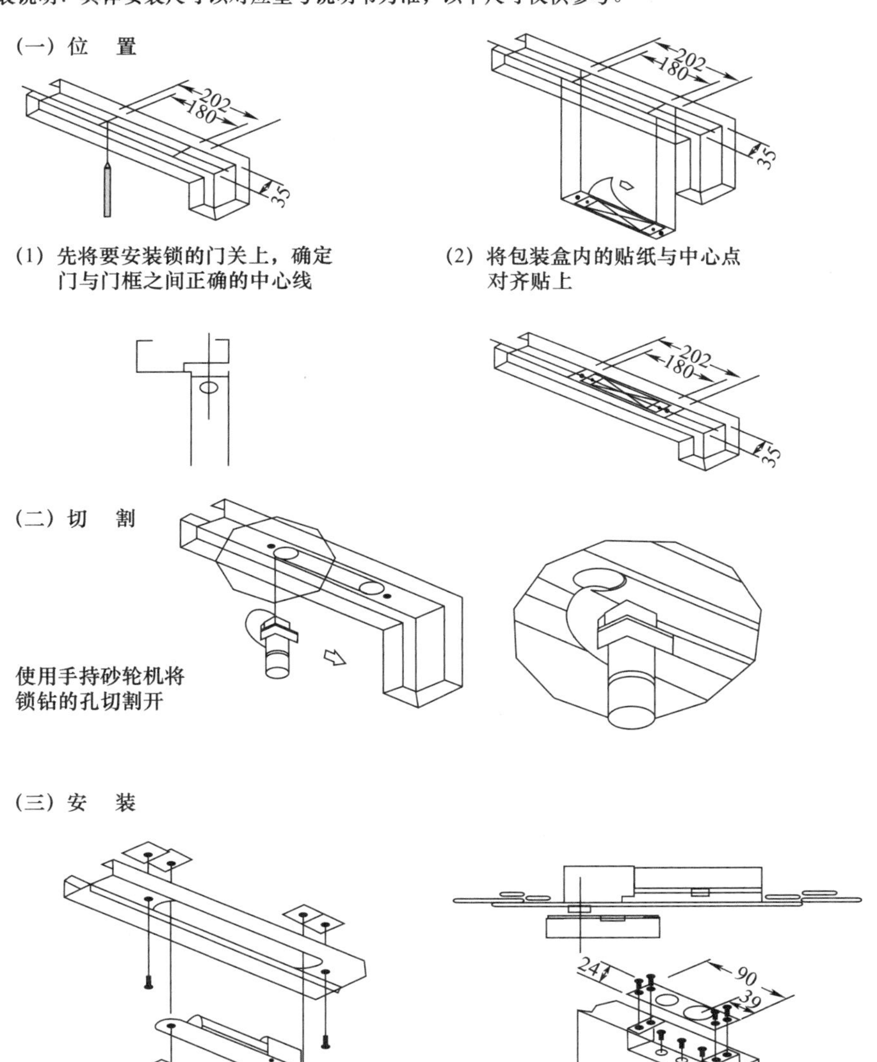

图 6-5　电插锁的安装步骤

（2）门禁控制器的接线如图 6-6 所示。

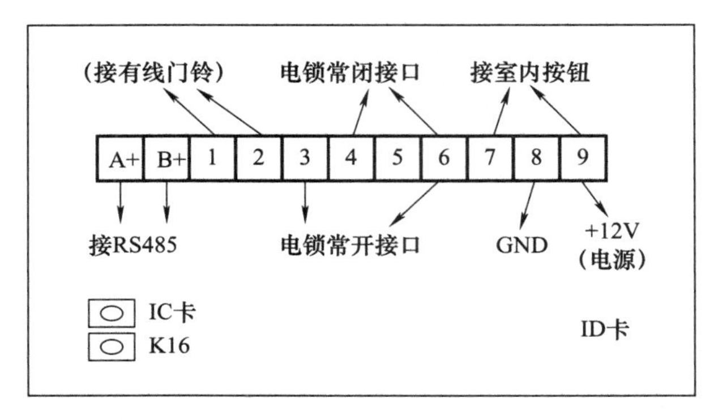

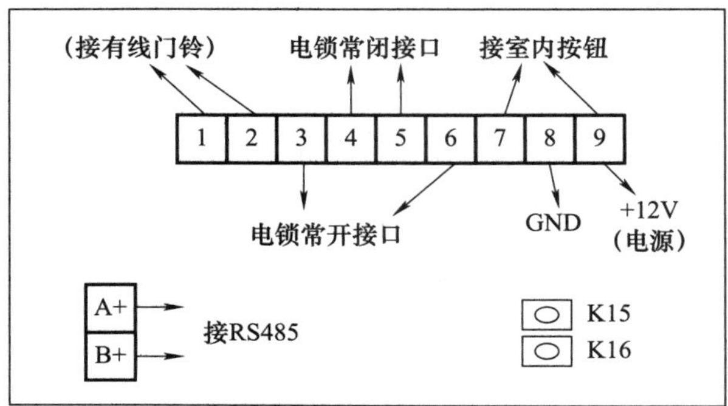

图 6-6　门禁控制器连线图

门禁控制器的连线说明见表 6-7。

表 6-7　门禁控制器连线说明图

接线	说明	接线	说明
1、2	接有线门铃	8、9	接 DC 12V
3、6	电锁常开接口	8	IC：无源信号输入 ID：GND
4、5	电锁常闭接口	A	接 RS485+
7、9	出门按钮接口	B	接 RS485−

注意：A、B 连接 RS485 转换器 +、− 端。

外接读头五芯线说明：红色 12V，黑色 GND，绿色 DATA0，白色 DATA1，棕色无用。

四、过程测评

任务二过程测评见表 6-8。

表 6-8　任务二过程测评

考核项目	考核要求		配分	评分标准		扣分	得分	备注
电插锁的安装	掌握电插锁的安装		40	不会安装电插锁或操作有误的每个步骤扣 1 分				
门禁控制器的接线	按照门禁控制器连线说明图正确接线		55	1. 错、漏接线扣 2 分 2. 没按规范严格接线扣 2 分				
安全生产	自觉遵守安全文明生产规程		5	遵守不扣分，不遵守扣 5 分				
时间	2h			超过额定时间，每 5min 扣 2 分				
开始时间		结束时间			实际时间			
成绩								

任务三　认识 ID 卡门禁

一、任务目标

（1）掌握卡片式门禁系统的结构；

（2）熟悉卡片式门禁系统的管理方式。

二、任务准备

GJS-1 型门禁及可视对讲系统。

三、任务操作

（一）门禁考勤控制器 HY-2001C 的操作

1. 用户密码的设置

（1）密码的设置（直接输入密码开锁）：出厂设定的密码为 123456。更改密码必须由用户进行。方法如下：按“#”→输入原密码→按“#”→输入新密码→按“#”→再次输入新密码→按“#”，绿灯亮说明设置成功。

注意：蜂鸣器响三下，提示两次输入的密码不相同，要求重新输入。输入过程中可连按两次“*”键退出设置状态。

（2）卡 + 密码开锁的设定及修改：初次使用的用户卡密码为：3333。更改密码必须由用户进行。设置方法如下：按“#”→黄灯亮→卡靠近感应区→输入原密码→按“#”→输入新密码→按“#”→再次输入新密码→按“#”，设置成功。

注意：蜂鸣器响三下，提示两次输入的密码不相同，要求重新输入。

2. 用户卡的授权

给用户卡的授权要打开管理软件，输入持卡用户的资料，然后将资料下载到控制器中。操作说明参见后台管理软件。

3. 开锁

（1）卡 + 密码开锁：用户卡靠近感应区→蜂鸣器响，绿灯闪烁→输入密码→按“#”，蜂鸣器响开锁。如果该卡为非法卡或输入的密码错误，则会报警提示。

（2）卡开锁：用户卡靠近感应区即可开锁。

（3）密码开锁：输入密码后按“#”，即可开锁。

（4）通信开锁。

（5）管理软件中远程开锁。

注意：如果下载了时间权限，对下班后的时间进行限制，则必须卡 + 密码校验正确后才允许开锁，并保存记录。如果下班时输入密码错误的次数超过 3 次，则控制器恢复为待机状态。

（二）HY-2009E-LW 门禁考勤系统的操作

1. 初始化门禁考勤机

设备在第一次使用时应遵循以下操作流程：在设备上设置台号→初始化设备 →校对设备时钟 →设置门禁时段（带门禁功能的设备）→ 设置超级密码→设置开锁时间（带门禁功能的设备）→授权（下载卡资料到设备）→正常使用。初始化后，超级密码还原为默认密码 123456。

2. HY-2009E-LW 门禁考勤系统的主要功能

（1）门禁管理。

1）终端工作方式有 3 种。

①门禁：仅仅对门的进出权限做判断，控制门的开关。

②考勤：仅仅保存打卡记录作考勤分析，对门没有动作。

③门禁 + 考勤：前两者功能的集合。

2）门禁参数介绍如下。

①进门打卡、出门不用打卡，或进门打卡、出门打卡。

②防潜回：进出门都打卡，必须满足有打卡进入才允许出去。先分别设定两读头的方向（一进出）。才能开启防潜回功能。

③通道功能：在通道时间里第一次打卡开门后，门一直保持开状态直到通道时间结束或者手动结束，每天都有 4 个通道时间段。先设定好各个时间段的开始及结束时间，才能有效开启通道功能。

④卡片分组：可分为 16 组，0 组为特权组，不受任何条件限制，在任何时候都可以开门，并保存其打卡记录，1~10 组不在开门时段时可以通过卡 + 密码开门，11~14 组不

可以开门，15 组为考勤组，该组只有考勤功能，不能开门。

3）时间权限介绍如下。

①有效日期：卡的使用有效期。

②开门时段：每天都有 5 个时间段，在这个 5 个时间段内合法卡可以刷卡开门，不在这 5 个时间段内时，1~10 组用户可以通过卡 + 密码开门，其他用户 11~14 组不可以开门。

4）节假日管理。

①按组授权：每张卡片有所属组，该组为节假日用户时，该组的所有人员在节假日所有时间里进出不受限制，1~15 组可以同时为节假日用户。

②按个人授权：最多可授权 40 个用户。

5）开锁延时：开锁延时时间可以由用户自己设定，刷卡开门后，延迟这个时间段后锁才变为关状态。

6）记录存储方式。

①关于记录达到上限时的操作：记录覆盖 / 不覆盖本系统最大可存储 40000 条记录，当记录达到上限时根据用户设定的方式进行。如果设定为覆盖，那么覆盖掉历史记录；如果设定为不覆盖，那么保持原记录不变，现在的记录丢失。

②关于保存非法卡记录。非法卡就是没有在本系统注册过的卡（非本单位卡）。保存非法卡记录是将非法卡记录保存到异常事件记录里，本系统可保存 3000 条异常事件记录，记录满后，自动覆盖。

7）门状态查询。通过管理软件可实时查询控制器所控制的门的开关状态。

8）闹铃设置（2 号继电器空闲时才有效）。控制器每天有 12 个闹铃，可以设定不同的闹铃时间，闹铃有 4 种响声，长响声、间隔声、长短声和短响声。

9）记录采集。开启管理软件的实时监控时，系统会自动采集记录并分析。

10）键盘功能键说明。通过设置键“*”+“#”进入键盘设置功能。

①修改 / 查询台号。根据显示屏提示可进行操作，密码是 6879（不能修改）。

②记录 / 用户信息查询。查询当前记录条数和用户个数。

③公共密码修改。公共密码为开门的密码，默认值 123456 ；根据提示操作，修改成功后会提示“修改成功”。

④个人密码修改。每个用户的密码都默认是 3333，可自行修改为 4~6 位的密码。先按“#”→确认键→刷卡，输入密码→按“#”→输入新密码，按“#”→输入新密码→按“#”，操作正确提示修改成功。

（2）终端默认值。

1）默认记录覆盖，不保存非法打卡记录。

2）默认开门最大时间为 1min，超过将产生报警信息（开门超时）。

3）默认最大节假日授权个人 50 人。

4）默认节假日一次性最多能下载 30 天。

5）控制器默认工作方式为门禁考勤，进门打卡，出门任意。

6）默认超级密码为 123456，个人密码为 3333。

7）在没有对某组设定使用期限的时候，默认该组不受日期限制。

8）在没有对某组设定第一个开门时间段时，该组用户不受开门时间限制。

四、过程测评

任务三过程测评见表 6-9。

表 6-9　任务三过程测评

考核项目	考核要求	配分	评分标准	扣分	得分	备注
HY-2001C 门禁考勤控制器 2001C 的操作	掌握用户密码的设置、用户卡的授权、开锁等操作	40	1. 密码设置操作有误扣 2 分 2. 卡 + 密码开锁的修改失败扣 2 分 3. 不会对用户卡进行授权扣 2 分 4. 无法完成卡 + 密码开锁、卡开锁、密码开锁，则每个项目各扣 2 分			
门禁考勤系统 HY-2009E-LW 的操作	1. 掌握初始化门禁考勤机的方法 2. 熟悉 HY-2009E-LW 门禁考勤系统的主要功能	55	1. 初始化门禁考勤机未成功扣 2 分 2. 不熟悉 HY-2009E-LW 的主要功能扣 2 分			
安全生产	自觉遵守安全文明生产规程	5	遵守不扣分，不遵守扣 5 分			
时间	2h		超过额定时间，每 5min 扣 2 分			
开始时间		结束时间		实际时间		
成绩						

任务四　一卡通软件安装与使用

一、任务目标

（1）学会瀚宇一卡通软件安装方法；

（2）熟悉瀚宇一卡通软件的基本操作。

二、任务准备

（1）瀚宇一卡通软件安装包、管理计算机一台；

（2）GJS-1 型门禁及可视对讲系统。

三、任务操作

1. 瀚宇一卡通软件的安装

瀚宇一卡通软件的安装分两步，先安装驱动程序，再安装软件包。如图 6-7 所示，按照光盘内的操作说明安装即可。

1、安装驱动	2011/11/14 9:46	文件夹
2、瀚宇一卡通系统2009V111114	2011/11/15 8:59	文件夹
安装说明	2011/11/14 9:49	文本文档

图 6-7　安装软件包

2. 瀚宇一卡通软件的基本使用

瀚宇一卡通软件生成排班数据的流程：上班时间段设置→班次设置→快速排班规则设置→典型排班模板设置→开始排班。

（1）上班时间段设置：考勤设置（排班管理）→上班时间段设置→添加数据→时间段名称→时间段类型→上班时间→下班时间→提交保存。

（2）班次设置：考勤设置（排班管理）→班次设置→添加数据→班次名称→提交保存→添加所选时间段（一个班次可以包括多个时间段，但时间段之间不能有冲突）。

（3）快速排班规则设置（如星期天不上班）：考勤设置（排班管理）→快速排班规则设置→添加数据→规则名称（星期天）→提交保存→添加所选细则（星期天）。

（4）典型排班模板设置（可以保存多个模板）。

1）正常模板如图 6-8 所示。

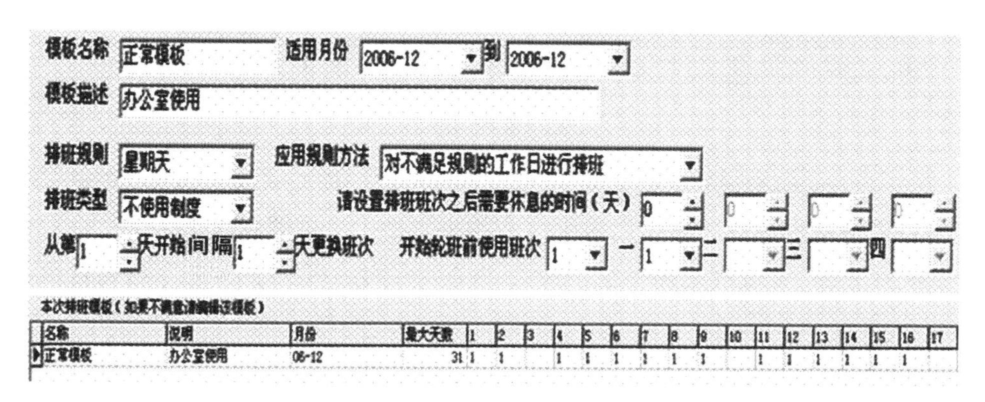

图 6-8　正常模板设置操作窗口

2）三班倒模板设置如图 6-9 所示。也可在本次排班模板中通过手工编辑模板，如三班倒模板、第一批人的模板。

操作流程：模板名称（如水疗一部模板）→选择适用月份→排班规则（不使用规则）→排班类型（三班倒制度）→在“一”后面选班次 2，“二”后面选班次 3（涉及跨日，4 班次前需休息 1 天），“三”后面选班次 4→开始。

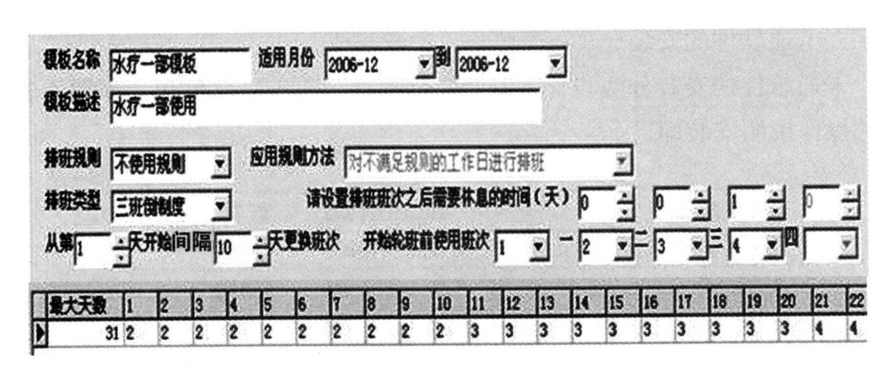

图 6-9　三班倒模板设置窗口

3）第二批人的模板设置如图 6-10 所示。操作流程：模板名称（如水疗二部模板）→选择适用月份→排班规则（不使用规则）→排班类型（三班倒制度）→在“一”后面选班次 3（涉及跨日，4 班次前需休息 1 天），“二”后面选班次 4，“三”后面选班次 2→开始。

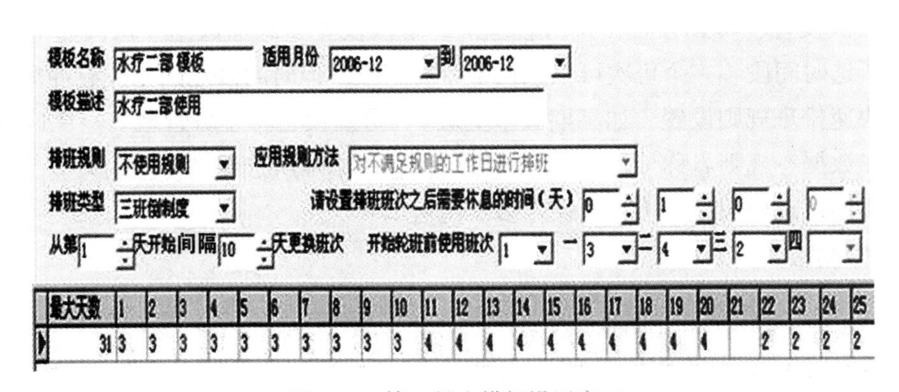

图 6-10　第二批人模板设置窗口

4）第三批人的模板设置如图 6-11 所示。操作流程：模板名称（如水疗三部模板）→选择适用月份→排班规则（不使用规则）→排班类型（三班倒制度）→在“一”后面选班次 4（涉及跨日，4 班次前需休息 1 天），“二”后面选班次 2，“三”后面选班次 3→开始。

5）删除及修改模板如图 6-12 所示。

①删除模板：选择要删除的模板→单击“删除模板”按钮删除。

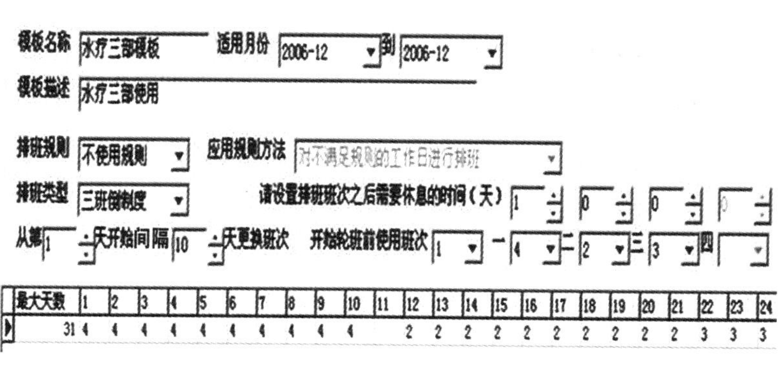

最大天数	1	2	3	4	5	6	7	8	9	10	11	12	13	14	15	16	17	18	19	20	21	22	23	24
31	4	4	4	4	4	4	4	4	4	4		2	2	2	2	2	2	2	2	2	2	3	3	3

图 6-11　第三批人模板设置窗口

名称	说明	月份	最大天数	1	2	3	4	5	6	7	8	9	10	11	12
水疗二部模板	水疗二部使用	06-12	31	3	3	3	3	3	3	3	3	3	3	4	4

图 6-12　删除及修改模板设置窗口

②修改模板：选择要修改的模板，修改后提交保存。

③单击 清空所有 清空所有。

（5）排班操作流程：单击开始排班 开始排班 →选择要排班的员工（可按部门、所有、个人来选择）→单击向左的单箭头（选择模板）→开始排班（见图 6-13）。

所在部门 办公室　开始月 2006-

员工 ☑ 选择所有未排班

☑ [7] [资七] [男]

新模板　自由选择模板

名称 所有

名称	说明	月份	天数	1	2	3	4
正常模板	办公室使用	06-12	31	1	1		1
水疗二部模板	水疗二部使用	06-12	31	3	3	3	3
水疗一部模板	水疗一部使用	06-12	31	2	2	2	2
水疗三部模板	水疗三部使用	06-12	31	4	4	4	4

<--

图 6-13　排班操作窗口

①删除排班：选择要删除的排班数据→单击删除排班按钮删除排班。

②清空所有排班：单击清除所有按钮，清除所有排班。

（6）手工打卡的操作流程：手工打卡→选择员工→选择打卡方式→选择日期→输入打卡时间→保存记录。

（7）请假登记操作流程：添加数据→选择员工→请假原因→请假类型→请假日期时间→提交保存。

（8）出差登记操作流程：添加数据→选择员工→出差内容→出差地点→出差日期→提交保存。

（9）发送通知（HY-2005F 考勤机才有）操作流程：添加数据→通知种类→通知内容→开始时间→结束时间→提交保存。

四、过程测评

任务四过程测评见表 6-10。

表 6-10　任务四过程测评

考核项目	考核要求	配分	评分标准	扣分	得分	备注
瀚宇一卡通软件的安装操作	正确安装软件	40	软件安装失败扣 2 分			
瀚宇一卡通软件使用的操作	掌握上班时间段设置、班次设置、快速排班规则设置、排班模板设置、排班的操作	55	1. 不会设置上班时间段扣 2 分 2. 不会设置班次或设置有误扣 2 分 3. 不会设置快速排班规则扣 2 分 4. 不会新建排班模板和删除模板各扣 2 分 5. 不会排班操作或操作有误扣 3 分			
安全生产	自觉遵守安全文明生产规程	5	遵守不扣分，不遵守扣 5 分			
时间	2h		超过额定时间，每 5min 扣 2 分			
开始时间		结束时间		实际时间		
成绩						

任务五　ID 卡的发行与管理

一、任务目标

（1）认识常用 ID 卡和异形卡；

（2）能够进行发卡和对持卡人进行管理。

二、任务准备

（1）管理计算机；

（2）GJS–1 型门禁及可视对讲系统。

三、任务操作

1. ID 卡及异形卡

GJS–1 型门禁及可视对讲系统可以配 IC 卡或者 ID 卡，二者在使用和管理方面区别不大。ID 卡价格成本低，因此本系统所配的任务用卡片都是 ID 卡。在实际应用中 ID 卡已经逐步被安全性更高、功能更强的 IC 卡取代。

图 6-14　ID 厚卡

图 6-15　ID 钥匙扣卡

（1）ID 厚卡如图 6-14 所示，特性介绍如下：

1）芯片：EM 公司制造。

2）工作频率：125kHz。

3）感应距离：8~20cm。

4）厚度：1.8mm。

5）典型应用：巡更系统、考勤系统、门禁系统、企业一卡通系统等射频识别领域。

（2）ID 钥匙扣卡如图 6-15 所示，普通型感应卡，薄厚适中，可放入钱包内携带，还设有一个便携孔，是目前最经济的射频 ID 卡片。ID 钥匙扣卡的特性介绍如下。

1）芯片：EM 公司制造。

2）工作频率：125kHz。

3）感应距离：2~20cm。

4）尺寸：85.5mm × 54mm × 1.8mm。

5）封装工艺：手工粘贴。

6）号码：连号喷码。

7）典型应用：巡更系统、考勤系统、门禁系统、企业一卡通系统等射频识别领域。

2. 卡片的发行和管理

卡片的发行实际上就是将卡片的 ID 号读入到系统中，在系统数据库里进行存档，然后发放给用户，发放的同时将持卡人的资料信息登记在系统数据库中。这样就可以进行员工考勤管理、出入记录查询等相关操作。发行卡片可按照如下步骤进行操作。

卡片发行流程：终端录入→录入卡号→人事资料→卡片分配→注册卡片。

（1）终端录入操作流程：终端录入→添加数据→终端型号（如 HY-KQ2005F00S）→终端台号（1）→终端名称（如 1 号考勤机）→选择所连串口→提交保存。

注意：不同人员使用不同终端的修改方法。

1）终端录入→在终端详细数据中选择终端号→修改数据→选择要注册的员工→提交保存。

2）终端录入→在终端详细数据中选择终端号→修改数据→选择部门或直接选择员工→提交保存（或者在人事资料中，选择其中一人→修改数据→选择要开门的终端→提交保存）。

3）数据录入→卡片注册→选择终端→开始注册。

（2）初始化终端机（第一次使用系统时须执行此操作）操作流程：数据管理→终端管理→初始化。

（3）录入卡号操作流程：录入卡片→终端录入→开始读卡→将卡片贴到终端机上阅读→结束读卡。

（4）人事资料录入。

方式 1 操作流程：人事资料→添加数据→员工工号→员工姓名→性别→部门（可不填）→保存数据。

方式 2 操作流程：根据用户现有的人事资料，将相关的标题改为员工工号、员工姓名、性别、部门，然后另存为 .CSV 文件，导入即可。

（5）卡片分配操作流程：卡片分配→开始（自动显示已发放的卡片资料）。

（6）注册卡片操作流程：数据录入→卡片注册→选择终端→开始注册。

（7）卡片管理包括挂失、消挂、换卡、退卡等。进行以上操作后，要运行实时监控，将信息下载到终端机中。

（8）辞退员工的操作流程如下。

1）卡片管理→退卡→选择员工→操作。

2）人事资料→在员工详细数据中选择员工→辞退员工。

（9）清除所有卡片操作流程：终端管理→清除所有卡片→操作。

（10）账号管理（管理员才有权登录）操作流程：选择工具→账号管理。

（11）注册单位资料操作流程：选择工具→注册单位。

（12）更改密码操作流程：选择工具→更改密码。

3. 用户数据更新

用户数据更新操作流程：实时监控→监控，可收集更新数据。

四、过程测评

任务五过程测评见表 6-11。

表 6-11　任务五过程测评

<table>
<tr><th>考核项目</th><th colspan="2">考核要求</th><th>配分</th><th colspan="2">评分标准</th><th>扣分</th><th>得分</th><th>备注</th></tr>
<tr><td>卡片的发行和管理</td><td colspan="2">掌握卡片发行的流程操作</td><td>95</td><td colspan="2">不会或发行卡失误每个步骤扣 1 分</td><td></td><td></td><td></td></tr>
<tr><td>安全生产</td><td colspan="2">自觉遵守安全文明生产规程</td><td>5</td><td colspan="2">遵守不扣分，不遵守扣 5 分</td><td></td><td></td><td></td></tr>
<tr><td>时间</td><td colspan="2">1h</td><td></td><td colspan="2">超过额定时间，每 5min 扣 2 分</td><td></td><td></td><td></td></tr>
<tr><td>开始时间</td><td></td><td colspan="2">结束时间</td><td></td><td>实际时间</td><td colspan="3"></td></tr>
<tr><td>成绩</td><td colspan="8"></td></tr>
</table>

任务六　可视对讲系统操作

一、任务目标

（1）掌握可视对讲系统结构；

（2）熟悉门口主机的常用操作；

（3）掌握门口主机、室内分机、管理中心机之间对讲的操作方法。

二、任务准备

GJS–1 型门禁及可视对讲系统。

三、任务操作

1. 门口主机操作

（1）呼叫住户分机。

主机在待机状态时，来宾可直接在键盘上输入住户的楼层房间号，系统将自动呼叫相应的住户，主机在呼叫时有回铃声表示正在呼叫；若无此房号，系统会自动退出；若输入错误可按“清除”键取消；主机响铃 10 次仍无人接听，将自动切断，系统控制最长通话时间为 60s。

GJS–1 型门禁及可视对讲系统设有 2 部住户分机，号码分别为 1111 和 2222，管理中

心机号码为0000。操作时可根据需要进行呼叫，2部门口主机通过管理中心机进行联网，因此都可以呼叫住户分机和管理中心机。

（2）密码的设定和修改。

1）将主机断电30s以上，按住“密码”键重新供电，主机上显示“———”，输入楼层房间号后显示“L——”，再输入四位预订密码，屏幕上重新显示“———”，第一组密码设定完成。此时可以再次输入楼层房间号及密码进行第二组密码的设定，全部密码设定完成后按“清除”键返回正常工作状态。

2）在正常工作状态时，连续按三次“密码”键，按“0”键，再按“密码”键，主机显示“b——”，输入楼层房间号，显示“L——”，输入已设定的密码，则显示“n——”，输入4位新密码，显示8888表示修改成功。

（3）密码开锁。

主机在待机状态时，在键盘上按下“密码”键，屏幕上显示“C——”，输入已设的楼层房间号后主机显示“L——”，再输入4位开锁密码，若密码正确门锁即被打开，若密码输入错误则按“清除”键后重新输入。

（4）主机号设定。

在主机板后上方的拨码开关上，按数字累加设定主机号，接线时主机所设的号码与转换器插口应对应。

（5）呼叫管理中心。

主机在待机状态时，来宾可在键盘上按4个“0”，系统将自动呼叫管理中心机，管理员按确认键后，便可以与中心机对话，主机屏幕将显示“—□—”，最长通话时间为60s。若无人接听，主机呼叫10次后自动退出。

2. 室内分机操作

分机响铃时，视频将自动打开，住户可以选择是否接听，按“应答”键可与来宾对话，按“开锁”键允许来宾进入。若无人接听，则分机振铃10次后自动挂断；住户在挂机状态下按“呼叫”键可以呼叫管理中心；用户在挂机状态下按“监视”键可以监视门口的情况。

3. 管理中心机操作

（1）住户分机呼叫管理中心机。

当住户按“呼叫”键后系统将自动呼叫管理中心机，中心机将显示该住户的栋号、楼层号、房间号，并伴有报警提示音发出，若同时有多个住户报警，则默认显示最后一个住户的报警信息，按“确认”键可直接回拨到该报警住户。管理员可通过“→”“←”键来查询其余的报警信息，本系统最多可以保存10条报警信息。

（2）接听呼叫。

当门口主机或用户分机呼叫管理中心机时，在中心机显示屏上会显示所呼叫主机

的栋号与主机号，或用户分机的栋号、楼层号、房间号且发出语音提示，管理员在接听呼叫时须按“确认”键接听，如需开锁按“开锁”键可以开启该门口主机的电控锁，按“清除”键退出。

（3）管理中心机呼叫住户分机。

管理员从键盘上输入住户的栋号、楼层号、房间号（均为两位，不足两位补 0，如：010501 表示 1 栋 5 楼 1 号房），若输入错误则按数字键盘上的“清除”键清除，再重新输入，输入正确后按“确认”键，中心机自动呼叫分机。

（4）监视门口主机。

直接输入该主机的栋号、主机号，不足两位的在前面补 0（如 0101 表示 1 栋 1 号门口主机），输入完成后，按“确认”键管理中心机将自动接通门口主机。呼叫成功后，管理中心机上可监视到门口主机情况，亦可与门口主机通话，按“开锁”键可打开该门口主机的电控锁，按“清除”键退出。

四、过程测评

任务六过程测评见表 6-12。

表 6-12　任务六过程测评

考核项目	考核要求	配分	评分标准	扣分	得分	备注
门口主机操作	掌握门口主机的操作	40	1. 不会呼叫住户分机扣 1 分 2. 不会修改和设定密码扣 1 分 3. 密码开锁没有成功扣 1 分 4. 不会主机号设定扣 2 分 5. 不会呼叫管理中心扣 2 分			
室内分机管理中心机的操作	掌握室内分机呼叫管理中心机、接听呼叫、管理中心机呼叫住户分机、监视门口主机的操作	55	1. 不会操作室内分机扣 2 分 2. 室内分机呼叫管理分机操作失败扣 2 分 3. 不会接听和呼叫扣 2 分 4. 管理中心机呼叫室内分机失败扣 2 分 5. 不会监视门口主机操作扣 2 分			
安全生产	自觉遵守安全文明生产规程	5	遵守不扣分，不遵守扣 5 分			
时间	2h		超过额定时间，每 5min 扣 2 分			
开始时间		结束时间		实际时间		
成绩						

复习思考题

（1）对讲门禁系统与闭路电视监控系统有何异同点?

（2）一卡通软件的安装步骤有哪些?

（3）GJS-1 型门禁及可视对讲系统有哪几部分组成?

项 目 七

远程抄表系统操作与实训

项目目标

（1）认识远程抄表系统，了解远程抄表系统的基本机构；

（2）掌握远程抄表系统的使用和维护；

（3）能利用 HYBCCB−2 型远程抄表系统完成远程抄表操作。

相关知识

一、系统概述

HYBCCB−2 型远程抄表系统实训设备图如图 7-1 所示。

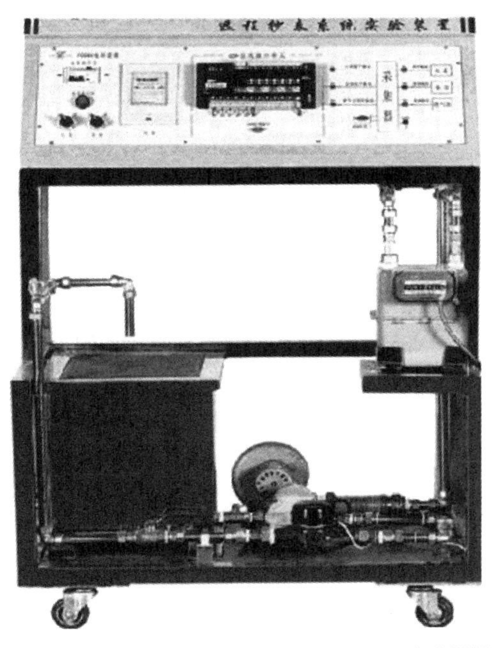
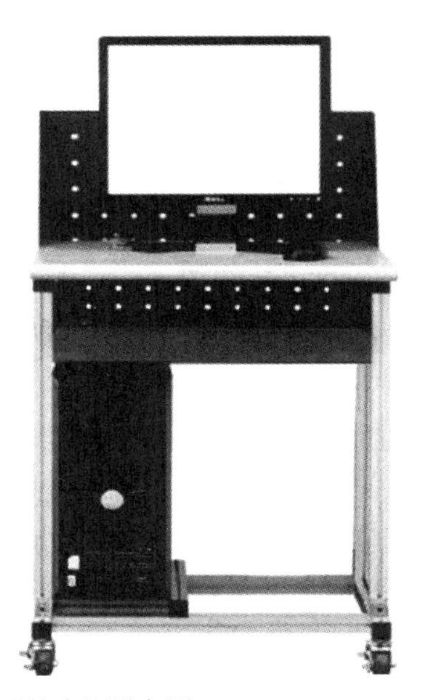

图 7-1　HYBCCB-2 型远程抄表系统实训设备图

1. 认识 HYBCCB-2 型远程抄表系统

HYBCCB-2 型远程抄表系统是为配合职业院校智能楼宇专业的教学和实训而设计开发的，随着国家“康居工程”的推广、智能化小区的开发建设，自动抄表系统已逐渐普及，并出现了三种抄表表计，一种是输出脉冲式的表计，一种是内嵌 CPU 的智能式表计，另一种是直读表计，三种表各有优缺点。

本产品采用输出脉冲式表计作为基表，采用单片机做数据处理器，并将单片机处理后的数据传送给 PLC 模块，上位机采用力控组态软件，可以自主进行上位机程序设计，更好地发挥主观能动性。

2. 技术指标

（1）输入电源：单相三线 [AC 220（1 ± 10%）V，50Hz]。

（2）工作环境：温度 -10~40℃，相对湿度＜ 85%，海拔高度＜ 4000m。

（3）装置容量：＜ 1.2kV · A。

（4）参考尺寸：1200mm × 748mm × 1300mm。

3. 主要脉冲表计类型

（1）脉冲水表。一般采用干簧管来实现物理量到电信号的转换。工作原理：当水表内有水通过时，使水表内部的齿轮转动，齿轮上带有永久磁铁，当永久磁铁经过干簧管时，使干簧管导通，这样便将水量转换成开关信号，并通过转换电路转换成脉冲信号。

（2）脉冲燃气表。其工作原理和脉冲水表的工作原理基本相同。

（3）脉冲电度表。一般采用光耦合器来实现转换物理量到电信号的转换。有电通过电表时，电表内部的主轮转动。当转轮上孔转到发光管的位置时，发光管的光照到光敏晶体管，晶体管导通，产生脉冲信号。

二、主要脉冲表计概述

（一）脉冲电度表

脉冲电度表实物图如图 7-2 所示。

1. 脉冲电度表接线图

脉冲电度表的接线图如图 7-3 所示。

2. 脉冲电度表概述

脉冲电度表是在原 86 系列电度表上加装电子脉冲装置，保持仪表外形安装尺寸与原 86 系列电度表相同，其脉冲输出接线采用专用端钮接线盒，脉冲电度表具有功率方向识别功能，并分别输出正向与反向脉冲，并可根据用户要求设置脉冲输出为有源或无源。

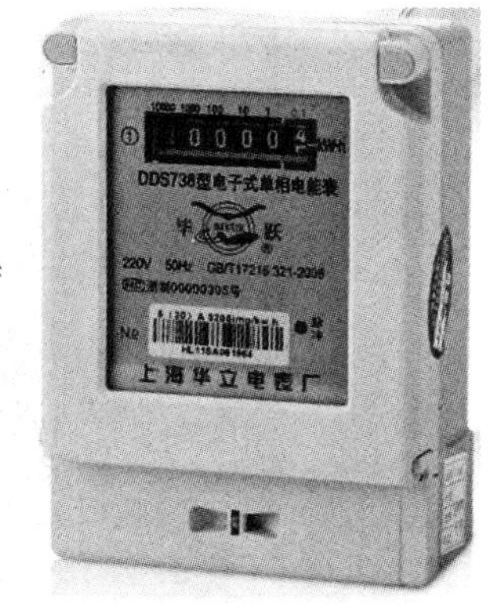

图 7-2　脉冲电度表

脉冲电度表主要技术指标：脉冲输出宽度为 80 ± 20ms，低电平有效；有源输出高电平 5V 或 12V（负载），有源输出最大提供电流 100mA；无源输出最高承受外加电压 50V（输出截止），无源输出最高接受外加电流 50A。

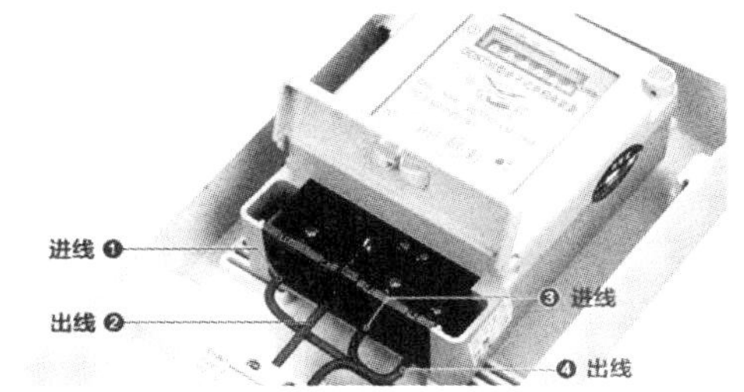

图 7-3 脉冲电度表接线图

脉冲电度表在出厂前经检验合格，并加封铅印，可直接安装使用。如果无铅封或贮存时间过久的电度表应请有关部门重新校验后，再安装使用，以确保计量精度。

在室内电度表安装需选择干燥通风的地方；安装电度表的底板应放置在坚固耐用、不易振动的墙上，建议安装高度在 1.8m 左右，安装后电度表应垂直不倾斜。

电度表按规定的相序（正相序）接入线路，并按照端钮盒盖上的接线图进行接线。最好用铜接头引入，避免端钮盒中的铜接头因接触不良而使电度表烧毁。

注意：电度表在雷雨较多的地方使用，应在安装处采取避雷措施。电度表的负载能力在 0.05Ib~Imax 之间，超过这一负载电度表的电流线圈会因发热而烧毁。

电度表表面上红窗口表示小数，黑窗口表示整数，电流经互感器接入电度表，其窗口读数必须乘以互感器的变比数之后，才是实际的电度数。

（二）脉冲燃气表

1. 脉冲燃气表概述

随着生活水平的提高和环保意识的加强，人们日常做饭用的燃料已经从木柴、煤等资源浪费严重、污染严重的常规能源转变为天然气及电等清洁能源了。脉冲燃气表具有自动累计功能，使得使用天然气的用户可以方便地知道用气量，轻松按照每月消耗燃气量缴费。

2. 脉冲燃气表的工作原理

脉冲燃气表是以气体在表体内流动时的压力差为动力，由阀座、阀盖的相对位置来控制气体流向的分配。燃气表的膜盒由左右相同的两个气体测量室组成，每个气体测量室由一张柔软的膜片将其分为两个相同的小计量室。当分配的气体依次进入四个小计量室后，便会推动膜片自由地摆动，膜片组件的运动通过摇杆带动连杆机构，使阀盖做旋转运动，从而控制各计量室依次充气和排气，使燃气表连续循环运动。同时连杆机构的偏心转动齿轮通过齿轮的传动驱动机械式单向计数器计数，最终通过计数器显示燃气表的排气量。

（三）脉冲水表

1. 脉冲水表实物图

脉冲水表如图 7-4 所示。

图 7-4 脉冲水表

2. 脉冲水表工作原理

脉冲水表的工作原理如图 7-5 所示。

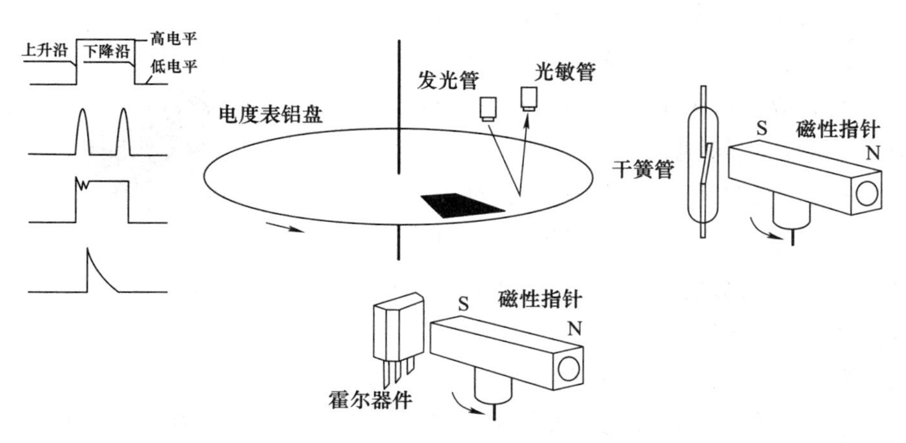

图 7-5　脉冲水表工作原理图

脉冲水表中主要器件说明见表 7-1。

表 7-1　器件说明表

器件	价格	寿命	特点
光电器件	中	较短	易受杂光影响，要求定位准确
霍尔器件	稍高	长	可靠性高，脉冲质量高
干簧管	低	较短	省电，易产生抖动干扰

技能训练

任务一　远程抄表系统软件运行

一、任务目标

掌握远程抄表系统软件的运行。

二、任务准备

HYBCCB–2 型远程抄表系统实训设备。

三、任务操作

操作前确认将实训台网络接口用双芯导线连接至 USB 网卡。

（1）单击 图标打开 OPC 数据库，如图 7-6 所示。

图 7-6　运行 OPC 数据库

（2）HYBCCB-2 型远程抄表系统自动运行，远程抄表系统管理界面如图 7-7 所示。

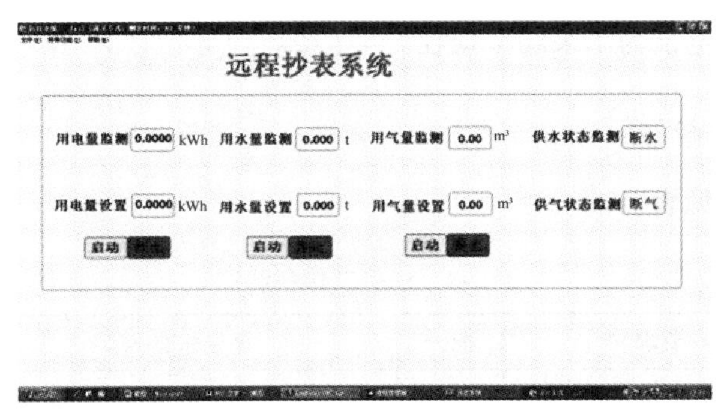

图 7-7　远程抄表系统管理界面

四、过程测评

任务过程测评见表 7-2 所示。

表 7-2　任务一过程测评

考核项目	考核要求	配分	评分标准	扣分	得分	备注
远程抄表系统软件操作	熟悉软件操作	95	不会操作远程抄表系统软件扣 2 分			
安全生产	自觉遵守安全文明生产规程	5	遵守不扣分，不遵守扣 5 分			
时间	1h		超过额定时间，每 5min 扣 2 分			
开始时间		结束时间		实际时间		
成绩						

任务二　远程抄表系统手动启动

一、任务目标

掌握远程抄表系统手动启动步骤和方法。

二、任务准备

HYBCCB–2 型远程抄表系统实训设备。

三、任务操作

（1）打开实训台用气开关。模拟气动风机运行，打开燃气表阀门，燃气表正常用气，燃气表脉冲数据上传至 PLC 控制中心，同时用气数据实时上传至管理计算机，可以实时监测用气量。此时电度表用电量为气动风机功率损耗。

（2）打开实训台用水开关。水泵电动机运转，水表指针随出水量的大小转动，脉冲信号实时上传至 PLC 控制中心，同时用水数据实时上传至管理计算机，可以实时监测用水量。此时电度表用电量为水泵功率损耗。

四、过程测评

任务二过程测评见表 7-3。

表 7-3　任务二过程测评

考核项目	考核要求		配分	评分标准		扣分	得分	备注
远程抄表系统手动启动	掌握远程抄表系统手动操作方法		95	不会手动启动远程抄表或启动有误扣 10 分				
安全生产	自觉遵守安全文明生产规程		5	遵守不扣分，不遵守扣 5 分				
时间	1h			超过额定时间，每 5min 扣 2 分				
开始时间		结束时间			实际时间			
成绩								

任务三　远程抄表系统自动远程控制

一、任务目标

掌握远程抄表系统自动远程控制方法。

二、任务准备

HYBCCB-2 型远程抄表系统实训设备。

三、任务操作

（1）确认实训台用气开关、用水开关为关闭状态。通过远程计算机启动电度表、燃气表、水表，抄表系统操作界面如图 7-8 所示。

图 7-8　远程抄表系统操作界面

（2）此时无法启动水表、电度表、燃气表。远程启动时必须在用量设置栏先预设用量。

（3）电度表用量设置如图 7-9 所示。

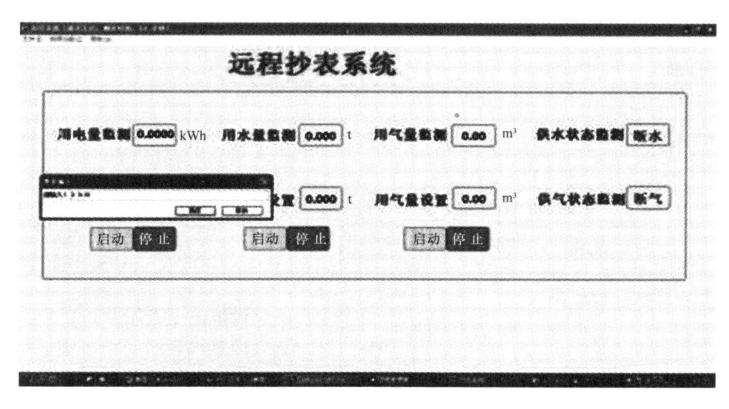

图 7-9　电度表用量设置窗口

（4）水表用量设置如图 7-10 所示。

（5）数据实时上传如图 7-11 所示。

（6）在设置量用完后，系统水表、电度表、燃气表自动关闭，从而实现预付费远程抄表功能。

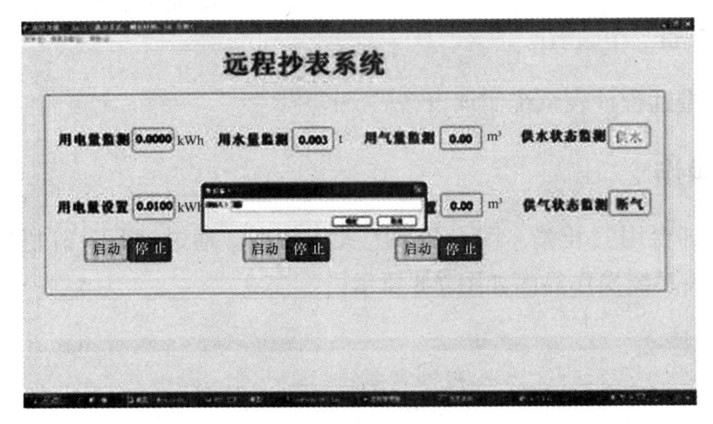

图 7-10 水表用量设置界面

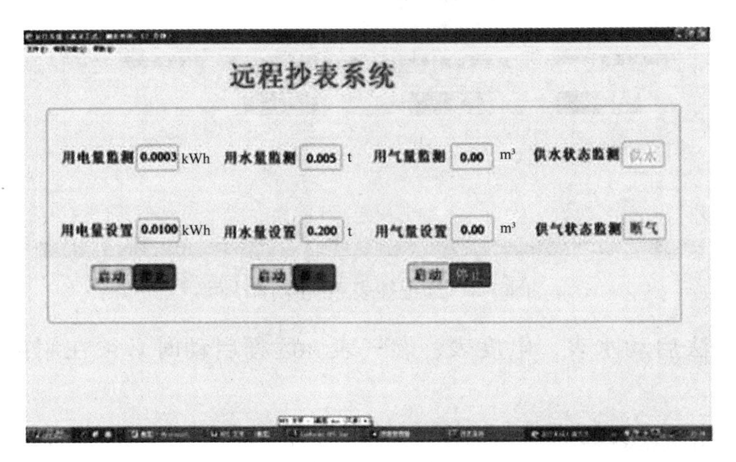

图 7-11 数据实时上传操作窗口

四、过程测评

任务三过程测评见表 7-4。

表 7-4 任务三过程测评

考核项目	考核要求	配分	评分标准	扣分	得分	备注
远程抄表系统自动远程控制	1. 正确启动远程操作 2. 掌握电度表用量、水表用量的设置 3. 正确进行数据实时上传	95	1. 不会设置电度表用量扣 2 分 2. 不会设置水表用量扣 2 分 3. 数据实时上传失败扣 2 分			
安全生产	自觉遵守安全文明生产规程	5	遵守不扣分，不遵守扣 5 分			
时间	1h		超过额定时间，每 5min 扣 2 分			
开始时间		结束时间		实际时间		
成绩						

任务四　实训台连线操作

一、任务目标

掌握实训台的连线操作方法。

二、任务准备

HYBCCB–2 型远程抄表系统实训设备。

三、任务操作

（1）远程抄表系统连线示意图如图 7-12 所示，按接线图正确连接实训台。

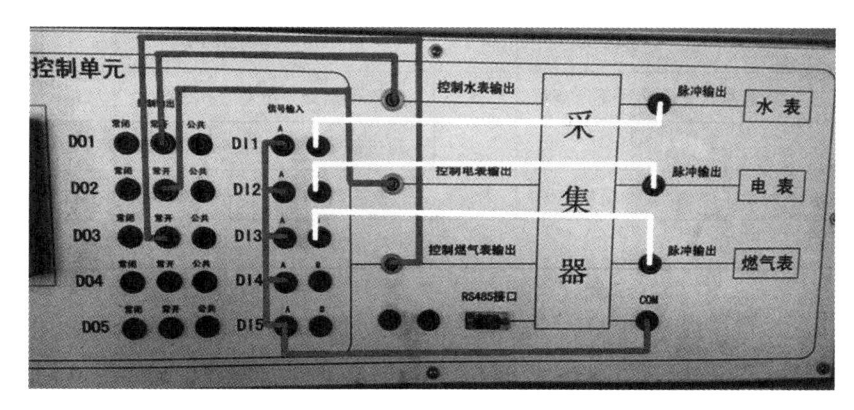

图 7-12　连线示意图

（2）远程抄表系统接线点说明见表 7-5。

表 7-5　远程抄表系统接线点说明

设备	点名称	点功能
抄表	DI1	电度表脉冲信号
抄表	DI2	水表脉冲信号
抄表	DI3	燃气表脉冲信号
抄表	DI4	供水监测
抄表	DI5	供气监测
抄表	D01	电表供电通断
抄表	D02	供水通断
抄表	D03	供气通断

控制说明：

1）三表脉冲计数，电度表 3200 个脉冲为 1kWh，水表 1000 个脉冲为 1t，燃气表 100 个脉冲为 $1m^3$。

2）组态为水电气三个开关状态，打开三表设置用量窗口，可设定用量来控制水电气的开关。如用量到设定值，系统关闭相应计量表。

四、过程测评

任务四过程测评见表 7-6。

表 7-6　任务四过程测评

考核项目	考核要求	配分	评分标准	扣分	得分	备注
实训台连线操作	按照系统接线表正确接线	95	1. 错、漏接线扣 2 分 2. 没有按规范接线扣 2 分			
安全生产	自觉遵守安全文明生产规程	5	遵守不扣分，不遵守扣 5 分			
时间	1h		超过额定时间，每 5min 扣 2 分			
开始时间		结束时间		实际时间		
成绩						

复习思考题

（1）远程抄表系统主要由几部分组成？

（2）怎样实现远程抄表系统自动控制和手动控制？

（3）脉冲水表的工作原理是什么？

项 目 八

楼宇综合布线系统操作与实训

项目目标

（1）认识楼宇综合布线系统，了解楼宇综合布线系统的基本结构；

（2）能利用相应工具完成楼宇综合布线系统的操作实训。

相关知识

传统布线采用不同的线缆和不同的终端插座，而且连接这些不同布线的插头、插座及配线架均无法互相兼容。当用户网络结构发生变化或新技术的发展需要更换设备时就必须更换布线，这样一来将产生巨大的人力、物力资源的成本。随着全球社会信息化与经济国际化的深入发展，人们对信息共享的需求日趋迫切，就需要一个适合信息时代的布线方案。

综合布线系统也称为结构综合化布线系统（即 SCS），是一种模块化的、灵活性极高的建筑物内或建筑群之间的信息传输通道。综合布线系统在楼宇园区范围内，利用双绞线或光缆来传输信息，可以连接电话、计算机、会议电视等设备的结构化信息传输系统。使用双绞线和光纤支持高速率的数据传输；使用星形拓扑结构、模块化设计，使系统实现集中管理；单个信息点的故障、改动或增加删减都不会影响其他的信息点。它既能使语音、数据、图像设备和交换设备与其他信息管理系统彼此相连，也能使这些设备与外部相连接。

根据国家标准 GB 50311—2007《综合布线系统工程设计规范》，综合布线系统应为开放式网络扑结构，系统构成包括工作区、配线子系统、干线子系统、设备间（建筑物子系统）、建筑群子系统、进线间和管理 7 个部分，综合布线系统构成框架图如图 8-1 所示。

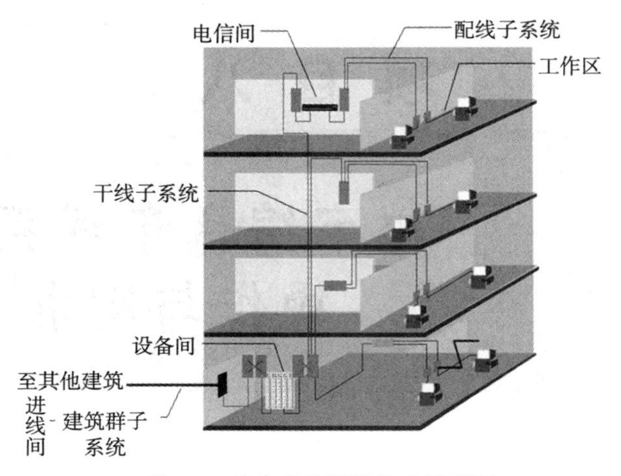

图 8-1　综合布线系统构成框架图

技能训练

任务一　压线钳的使用

一、任务目标

掌握压线钳的规范使用方法。

二、任务准备

（1）压线钳一把。

（2）各种线材若干。

三、任务原理

在网线制作过程中，压线钳是最主要的工具，其作用包括双绞线切割、剥离护套、水晶头压接等，其外形如图 8-2 所示。

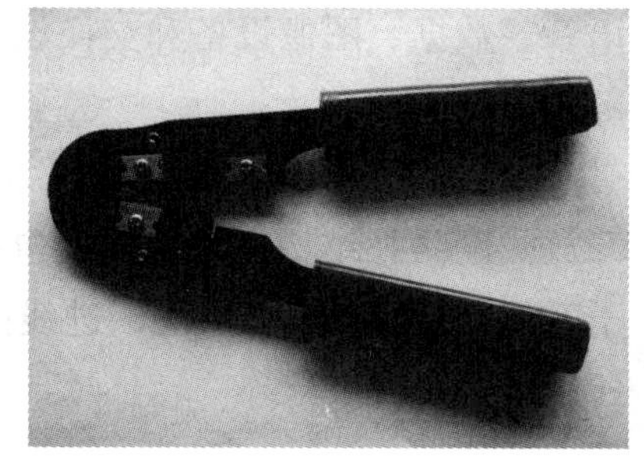
图 8-2　压线钳

四、任务操作

（1）将压线片从压线片排上剪下；将导线进行剥线处理，裸线长度约 1.5mm，与压线片的压线部位大致相等，如图 8-3 所示。

（2）将压线片的开口朝上放入压线槽，并使压线片尾部的金属带与压线钳平齐，如图 8-4 所示。

图 8-3 剥线

图 8-4 放入压线槽

（3）将导线插入压线片，对齐后压紧，如图 8-5 所示。

（4）将压线片从压线钳中取出，观察压线的效果，掰去压线片尾部的金属带，用手拉接线端子，若牢固即可使用，如图 8-6 所示。

图 8-5 压线

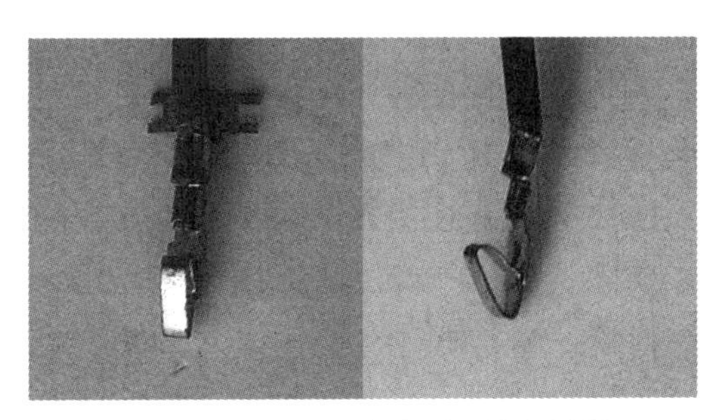
图 8-6 掰去压线片尾部的金属带

五、过程测评

任务一过程测评见表 8-1。

表 8-1 任务一过程测评

考核项目	考核要求		配分	评分标准	扣分	得分	备注
压线钳的使用	正确使用压线钳		95	1. 不会使用压线钳扣 2 分 2. 压线错误扣 2 分			
安全生产	自觉遵守安全文明生产规程		5	遵守不扣分，不遵守扣 5 分			
时间	1h			超过额定时间，每 5min 扣 2 分			
开始时间		结束时间		实际时间			
成绩							

任务二 RJ45 插头的跳线制作与测试

一、任务目标

（1）掌握 RJ45 插头的跳线制作方法；

（2）掌握 RJ45 插头的跳线测试方法。

二、任务准备

（1）剥线器、压线钳、剪刀、斜口钳各一把；
（2）网线、水晶头若干。

三、任务原理

RJ45 水晶头由金属触片和塑料外壳构成，其前端有 8 个凹槽，简称“8P”（Position，位置），凹槽内有 8 个金属触点，简称“8C”（Contact，触点），因此 RJ45 水晶头又称为“8P8C”接头。端接水晶头时，要注意它的引脚次序，当金属片朝上时，1~8 的引脚次序应从左往右数。连接水晶头虽然简单，但它是影响通信质量非常重要的因素。开绞过长会影响近端串扰指标；压接不稳会引起通信的时断时续；剥皮时损伤线芯会引起短路、断路等故障。

RJ45 水晶头连接有 T568A 和 T568B 两种排序方式。T568A 的线序是白绿、绿、白橙、蓝、白蓝、橙、白棕、棕，如图 8-7a 所示；T568B 的线序是白橙、橙、白绿、蓝、白蓝、绿、白棕、棕，如图 8-7b 所示。下面以 T568B 标准为例，介绍 RJ45 水晶头制作步骤。

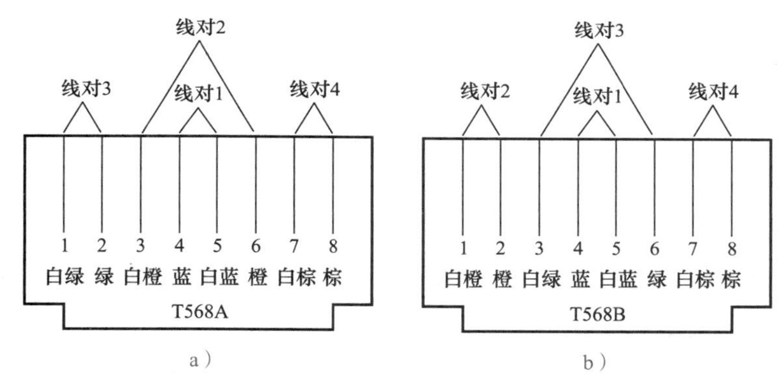

图 8-7　T568A/T568B 物理线路接线方式

四、任务操作

（1）剥线：用双绞线剥线器将双绞线塑料外皮剥去 2~3cm，如图 8-8 所示。

（2）排线：将绿色线对与蓝色线对放在中间位置，而橙色线对与棕色线对放在靠外的位置，形成左一橙、左二蓝、左三绿、左四棕的线对次序，如图 8-9 所示。

（3）理线：小心地剥开每一线对（开绞），并将线芯按 T568B 标准排序，特别是要将白绿线芯从蓝和白蓝线对上交叉至 3 号位置，将线芯拉直压平、挤紧理顺，朝一个方向紧靠，如图 8-10 所示。

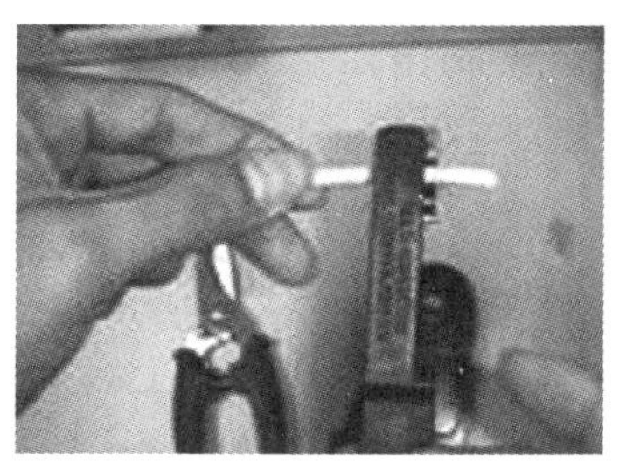
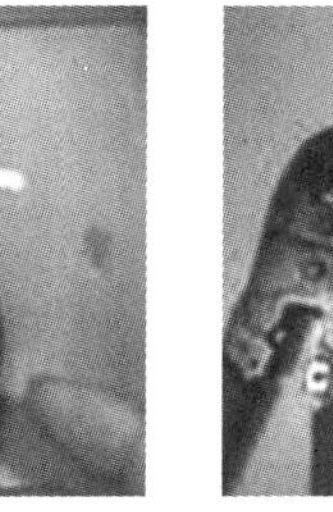

图 8-8　剥线

图 8-9　排线

图 8-10　理线

（4）剪切：将裸露出的双绞线芯用压线钳、剪刀或斜口钳等工具整齐地剪切，只剩下约 13mm 的长度（见图 8-11）。

（5）插入：水晶头的方向是金属引脚朝上、弹片朝下，把水晶头刀一面朝着自己，用一手的拇指和中指捏住水晶头，如图 8-12 所示，并用食指顶住，另一只手捏住双绞线，缓缓用力将双绞线 8 条导线依序插入水晶头，并一直插到 8 个凹槽顶。

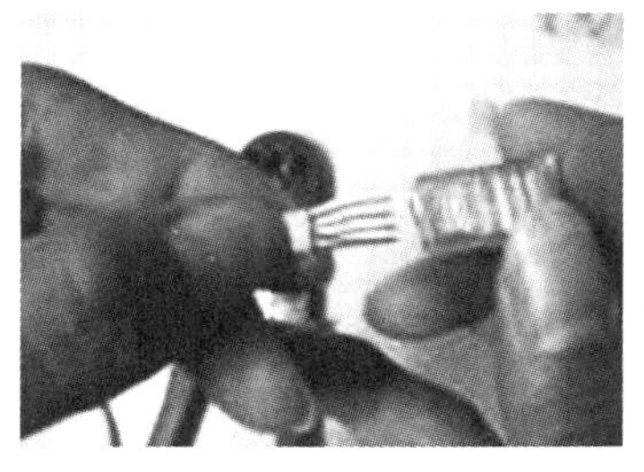

图 8-11　剪切

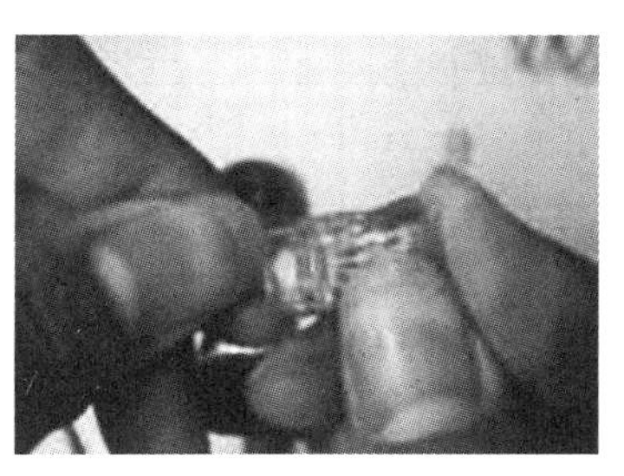

图 8-12　插入

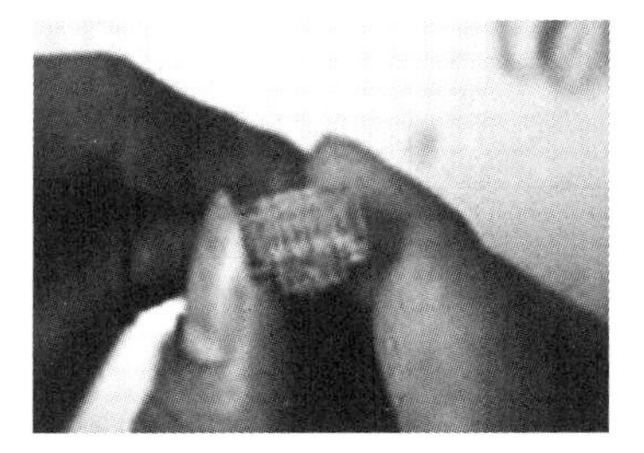

图 8-13　检查

（6）检查：观察水晶头正面，查看线序是否正确；检查水晶头顶部，查看 8 根线芯是否都到达顶部，如图 8-13 所示［为减少水晶头的用量，1）~6）可重复练习，熟练后再进行下一步］。

（7）压接：确认无误后，将 RJ45 水晶头推入压线钳夹槽后，用力握紧压线钳，将突出在外面的针脚全部压入 RJ45 水晶头内，RJ45 水晶头连接完成这个过程如图 8-14 所示。

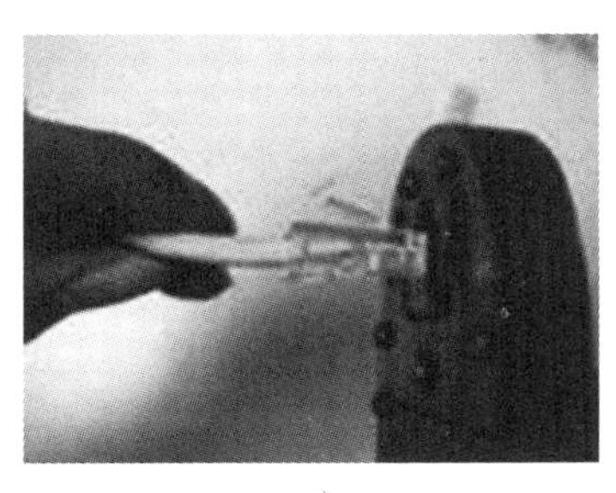

a）

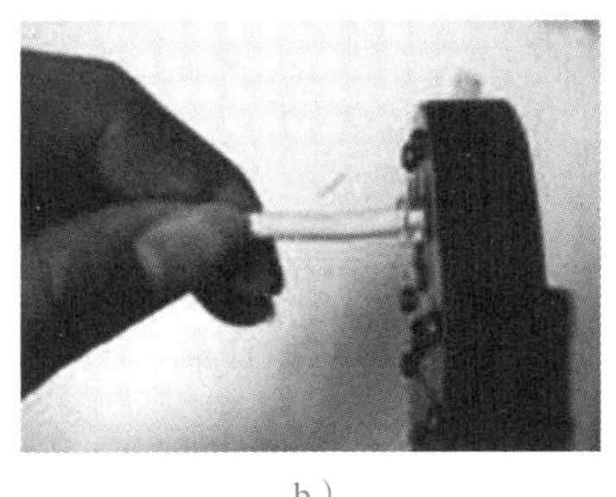

b）

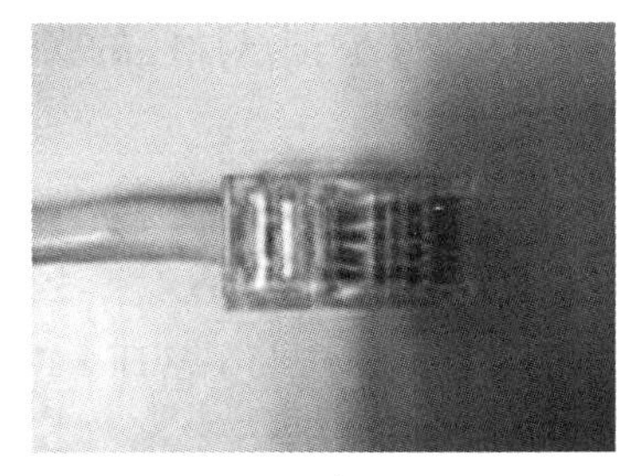

c）

图 8-14　压接

（8）制作跳线，用同一标准在双绞线另一侧安装水晶头，完成直通网络跳线的制作。

注意，若另一侧水晶头用 T568A 标准安装，则完成一条交叉网线的制作。

（9）测试，用综合布线实训台上的测试装置或工具箱中简单线序测试仪对网络进行测试，会有直通网线通过、交叉网线通过、开路、短路、反接、跨接等显示结果。

RJ45 水晶头的保护胶套可防止跳线拉扯时造成接触不良，如果水晶头要使用这种胶套，需在连接 RJ45 水晶头之前将胶套插在双绞线线缆上，连接完成后再将胶套套上。

五、过程测评

任务二过程测评见表 8-2。

表 8-2　任务二过程测评

考核项目	考核要求		配分	评分标准		扣分	得分	备注
RJ45 插头的跳线制作	正确进行剥线、排线、理线、剪线、插入、压接及制作跳线		60	1. 剥线、排线、理线、剪线、插入、压接、制作跳线操作有误，每个步骤扣 2 分 2. 压线错误扣 2 分				
测试	正确对制作好的水晶头进行测试		35	1. 不会测试扣 2 分 2. 测试有误扣 2 分				
安全生产	自觉遵守安全文明生产规程		5	遵守不扣分，不遵守扣 5 分				
时间	2h			超过额定时间，每 5min 扣 2 分				
开始时间		结束时间			实际时间			
成绩								

任务三　信息插座的安装

一、任务目标

（1）了解 VMOU456–WH 信息模块。

（2）掌握信息插座的安装方法。

二、任务准备

（1）剥线器、剪刀、单用打线刀、压线钳各一把。

（2）VMOU456–WH、MOU45E–WH 信息模块各一块。

（3）网线若干。

三、任务原理

信息插座由面板、信息模块和盒体底座几部分组成，信息模块端接是信息插座安装

的核心。

信息模块分打线模块（又称冲压型模块，例如 VMOU456-WH）和免打线模块（又称扣锁端接帽模块，例如 MOU45E-WH）两种。所有模块的每个端接槽都是符合 T568A 和 T568B 接线标准的颜色编码，通过这些编码可以确定双绞线中每根线芯的线序。

四、任务操作

（一）信息模块的端接

1. VMOU456-WH 端接步骤

（1）剥线之前需要先确定剥线长度（15mm），然后用剥线器把双绞线外皮剥去，并用剪刀把网线撕裂绳剪掉，如图 8-15a 所示。

（2）按照 568B 线序将双绞线分为 4 对线，穿过相应的卡线槽，再将每对线分开，分成独立的 8 芯线，将 8 根芯线逐一放入对应的线槽内，如图 8-15b 所示。

（3）用单用打线刀逐一把线压入线槽，并裁剪掉多余的线芯，如图 8-15c 所示。

（4）压接完成后，将模块配套的保护盖卡装好，既能防尘又能防止线芯脱落，如图 8-15d 所示。

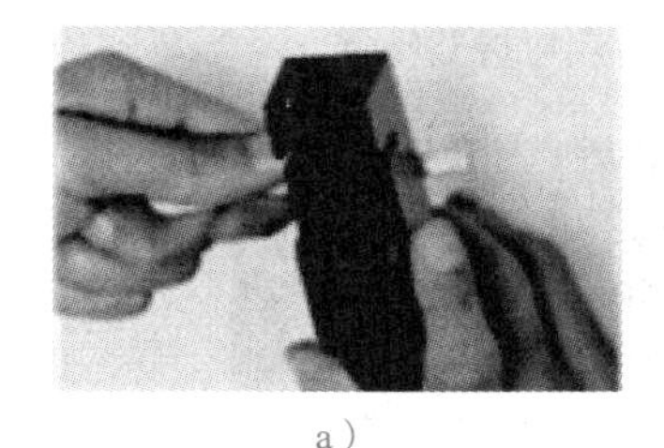

a）

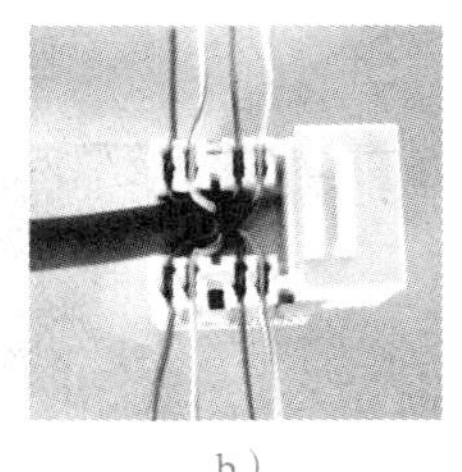

b）

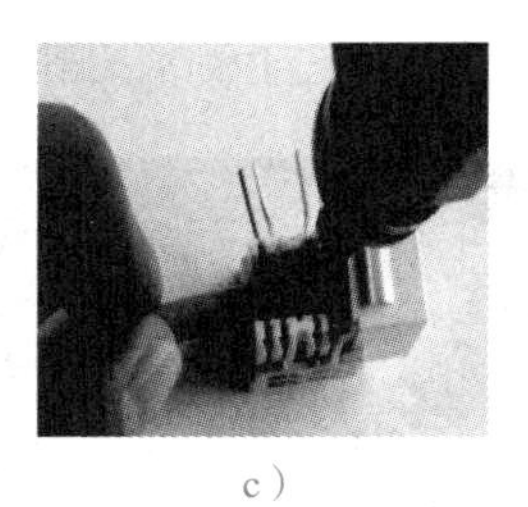

c）

d）

图 8-15　VMOU456-WH 端接步骤

2. MOU45E-WH 端接步骤

免打线信息模块 MOU45E-WH 如图 8-16 所示，它的端接步骤如下。

（1）用剥线器将双绞线塑料外皮剥去 2~3cm。

（2）按信息模块扣锁端接帽上标定的 568B 标（或 568A 标）线序打开双绞线。

（3）理平、理直线缆，用斜口钳剪齐导线（便于插入），如图 8-17 所示。

（4）线缆按标示线序插入至扣锁端接帽，注意开绞长度（到达信息模块底座卡接点）不能超过 13mm，如图 8-18 所示。

（5）将多余导线拉直并弯折至反面，如图 8-19 所示。

（6）从反面顶端处剪齐线缆，如图 8-20 所示。

（7）用压线钳的硬塑套将扣锁端接帽压接至模块底座，如图 8-21 所示。

（8）模块端接完成，如图 8-22 所示。

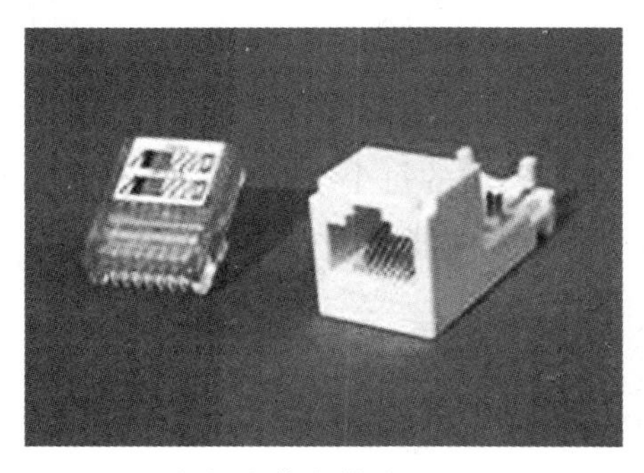

图 8-16　免打线信息模块 MOU45E-WH

图 8-17　理平、理直线缆，斜口剪齐导线

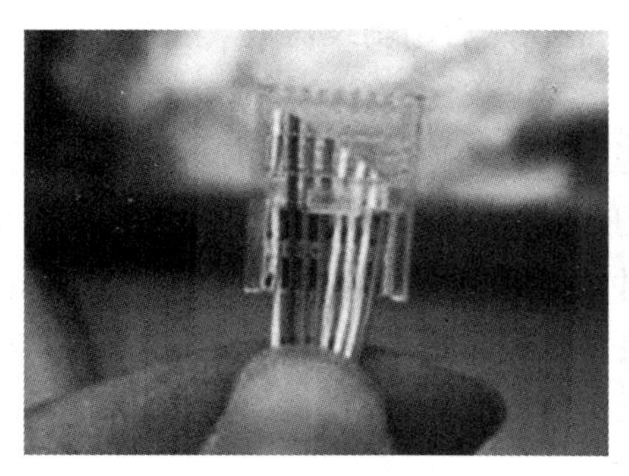

图 8-18　线缆插入至扣锁端接帽

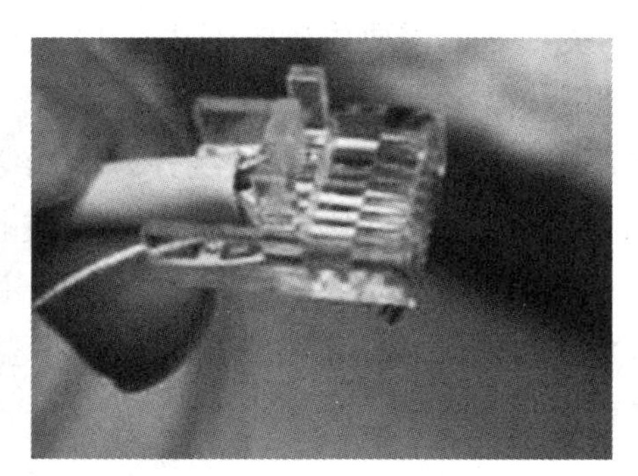

图 8-19　导线拉直弯折至反面

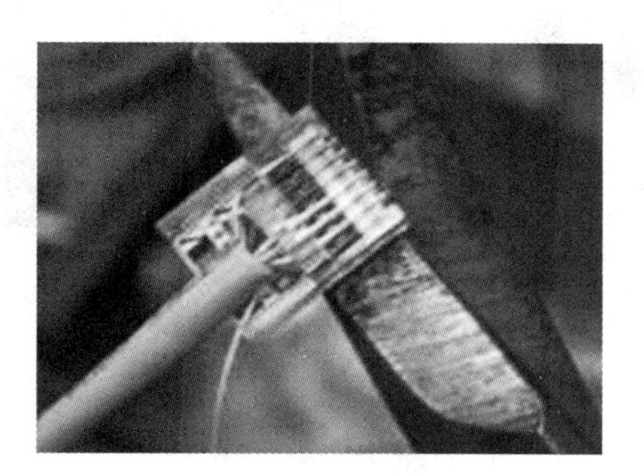

图 8-20　从反面顶端处剪齐线缆

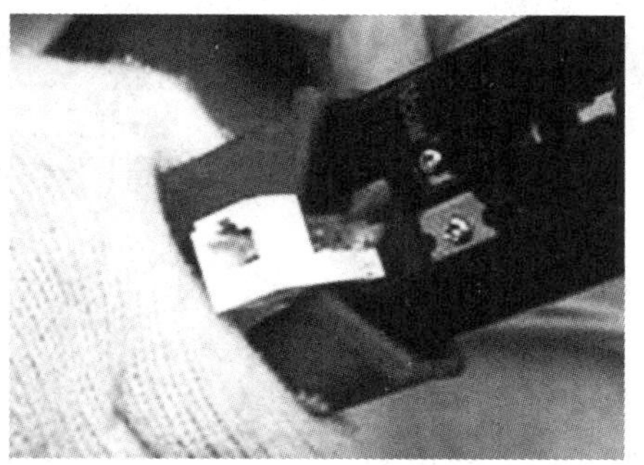

图 8-21　用压线钳的硬塑套压接

图 8-22　模块端接完成

（二）底盒和面板的安装

1. 底盒安装

信息插座底盒按照材料组成一般分为金属底盒和塑料底盒，按照安装方式一般分为暗装底盒和明装底盒。

（1）墙面安装时，配套的底盒有明装和暗装两种。明装底盒经常在改扩建工程墙面明装方式布线时使用，一般为白色塑料盒。将底座固定在墙面，正面有 2 个 M4 螺孔，用于固定面板，侧面预留有上下进线孔。如图 8-23a 所示。

（2）暗装底盒一般在新建项目和装饰工程中使用，暗装底盒常见的有金属和塑料两种。塑料底盒一般为白色注塑成型。底板上有 2 个安装孔，用于将底座固定在墙面，正面有 2 个 M4 螺孔，用于固定面板，如图 8-23b 所示。金属底盒安装方式相同如图 8-23c 所示。暗装底盒只能安装在墙面或者装饰隔断内，安装面板后就隐蔽起来了。暗装塑料底盒一般在土建工程施工时安装，直接与穿线管端头连接固定在建筑物墙内或者立柱内，外沿低于墙面 10mm，按照施工图纸规定高度安装。安装好的底盒如图 8-24 所示。

a）

b）

c）

图 8-23　底盒安装

图 8-24　墙面暗装底盒

2. 面板安装

面板安装是信息插座最后一个工序，一般应该在端接模块后立即进行，以保护模块。安装时将模块卡接到面板接口中。如果双口面板上有网络和电话插口标记时，按照标记口位置安装。如果双口面板上没有标记时，宜将网络模块安装在左边，电话模块安装在右边，并且在面板表面做好标记。

五、过程测评

任务三过程测评见表 8-3。

表 8-3　任务三过程测评

考核项目	考核要求	配分	评分标准	扣分	得分	备注
VMOU456-WH 端接步骤	掌握 VMOU456-WH 的接线	50	不会 VMOU456-WH 端接线或操作有误，每个步骤扣 5 分			
MOU45E-WH 端接线	掌握 MOU45E-WH 端接线	45	不会 MOU45E-WH 端接线或操作有误，每个步骤扣 5 分			
安全生产	自觉遵守安全文明生产规程	5	遵守不扣分，不遵守扣 5 分			
时间	2h		超过额定时间，每 5min 扣 2 分			
开始时间		结束时间		实际时间		
成绩						

任务四　数据配线架的安装

一、任务目标

掌握数据配线架的安装方法。

二、任务准备

配线架若干。

三、任务原理

配线架是配线子系统关键的配线接续设备，它安装在配线间的机柜（机架）中，安装位置要综合考虑机柜线缆的进线方式、有源交换设备的散热、美观、便于管理等要素。

数据配线架安装有以下基本要求。

（1）为了管理方便，配线间的数据配线架和网络交换设备一般都安装在同一个尺寸的机柜中。

（2）根据楼层信息点标识编号，按顺序安放配线架，并画出机柜中配线架信息点分布图，便于安装和管理。

（3）线缆一般从机柜的底部进入，所以通常配线架安装在机柜下部，交换机安装在机柜上部，也可根据进线方式做出调整。

（4）为美观和管理方便，机柜正面配线架之间和交换机之间都要安装理线架，跳线从配线架面板的 RJ45 端口接出后通过理线架从机柜两侧进入交换机间的理线架，然后再接入交换机端口。

（5）对于要端接的线缆，先以配线架为单位，在机柜内部进行整理、用扎带绑扎、将冗余的线缆盘放在机柜的底部后再进行端接，使机柜内整齐美观、便于管理和使用。

数据配线架有固定式（横、竖结构）和模块化两种。下面分别给出两种配线架的安装步骤，其他同类配线架的安装步骤大体相同。

四、任务操作

1. 固定式配线架安装步骤

（1）将配线架固定到机柜合适位置，在配线架背面安装理线环。

（2）从机柜进线处开始整理线缆，线缆沿机柜两侧整理至理线环处，使用绑扎带固定好线缆，一般 6 根线缆作为一组进行绑扎，将线缆穿过理线环摆放至配线架处。

（3）根据每根线缆接口的位置，测量端接线缆应预留的长度，然后使用压线钳、剪刀、斜口钳等工具剪断线缆。

（4）根据选定的接线标准，将 T568A 或 T568B 标签压入模块组插槽内；

（5）根据标签色标排列顺序，将对应颜色的线对逐一压入槽内，然后使用打线工具固定线对连接，同时将伸出槽位外多余的导线截断，如图 8-25 所示。

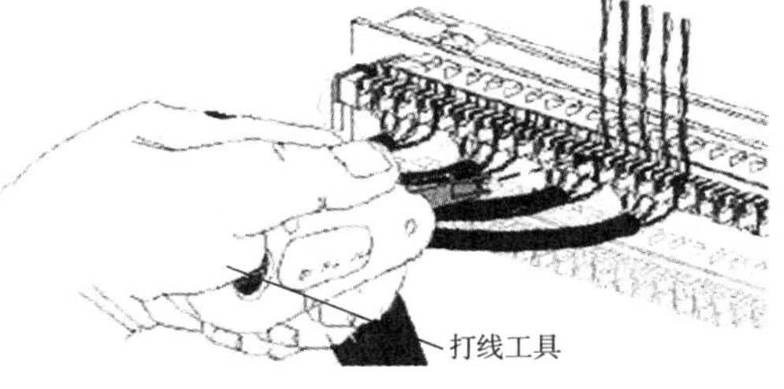

图 8-25　将线对逐次压入槽位并打压固定

（6）将每组线缆压入槽位内，然后整理并绑扎固定线缆，如图 8-26 所示，固定式配线架安装安装完毕。

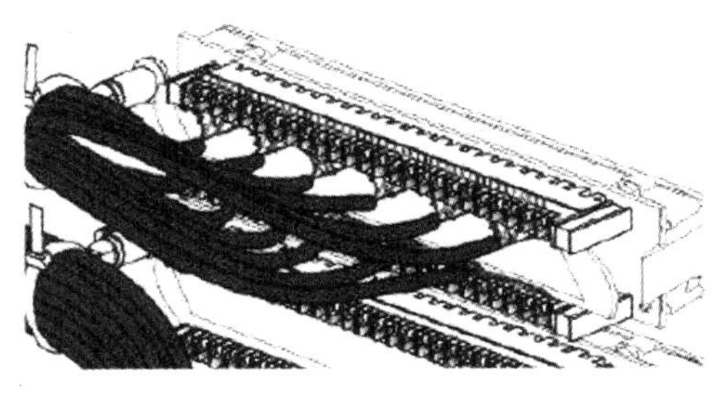

图 8-26　整理并绑扎固定线缆

2. 模块化配线架的安装步骤

（1）开始的步骤同固定式配线架安装过程 1~3。

（2）按照上述信息模块的安装过程端接配线架的各信息模块。

（3）将端接好的信息模块插入到配线架中。

（4）模块式配线架安装完毕。

3. 配线架端接实例

（1）图 8-27 所示为模块化配线架端接后的机柜内部示意图（信息点很多）。

（2）图 8-28 所示为固定式配线架（横式）端接后机柜内部示意图（信息点少）。

（3）图 8-29 所示为固定式配线架（竖式）端接后配线架背部示意图。

图 8-27　模块化配线架端接后的机柜内部示意图

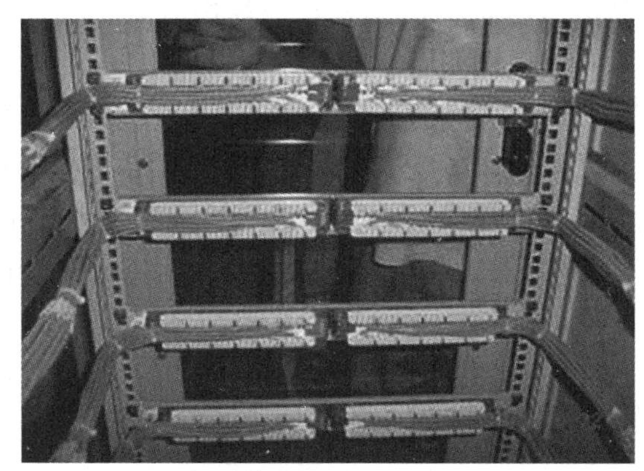
图 8-28　固定式配线架（横式）端接后机柜内部示意图

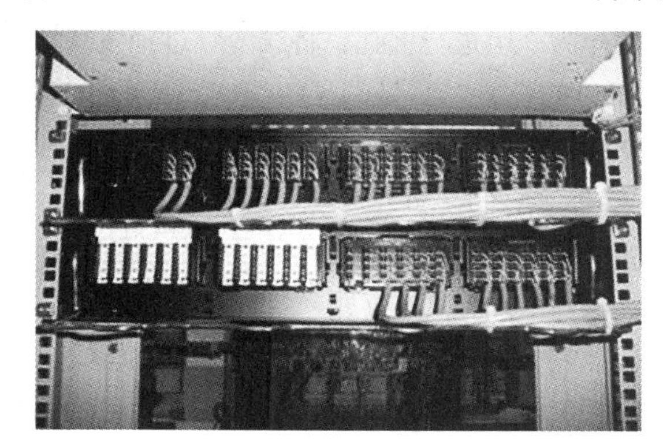
图 8-29　为固定式配线架（竖式）端接后配线架背部示意图

五、过程测评

任务四过程测评见表 8-4。

表 8-4　任务四过程测评

考核项目	考核要求	配分	评分标准	扣分	得分	备注
固定式配线架安装	正确安装固定式配线架	50	不会安装固定式配线架或操作有误，每个步骤扣 2 分			
MOU45E-WH 端接	掌握 MOU45E-WH 端接方法	45	不会 MOU45E-WH 端接线或操作有误，每个步骤扣 2 分			
安全生产	自觉遵守安全文明生产规程	5	遵守不扣分，不遵守扣 5 分			
时间	2h		超过额定时间，每 5min 扣 2 分			
开始时间		结束时间		实际时间		
成绩						

任务五　110 语音配线架安装

一、任务目标

掌握安装 110 语音配线架的方法。

二、任务设备

配线架、刀、机柜。

三、任务操作

（1）将配线架固定到机柜合适位置。

1）把 25 对线固定在机柜上，如图 8-30a 所示。

2）用刀把大对数线缆外皮剥去，如图 8-30b 所示。

3）把整个线缆的外皮去掉，如图 8-30c 所示。

a）

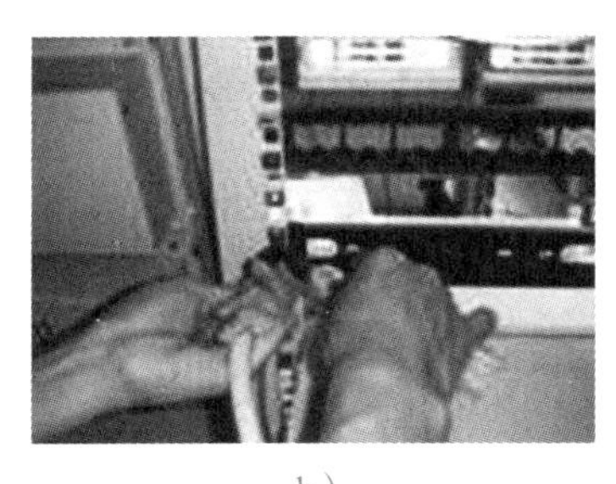

b）

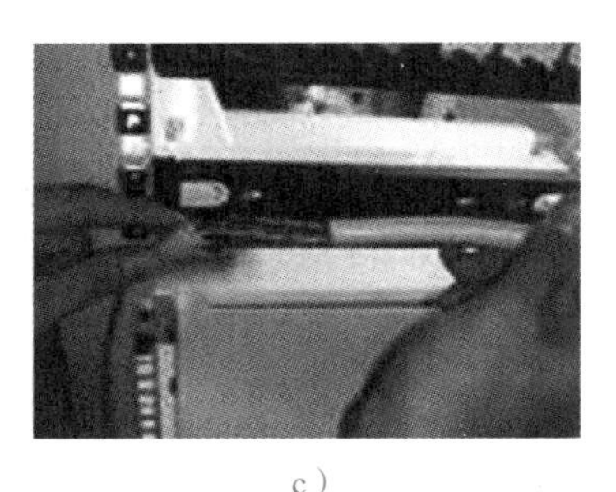

c）

图 8-30　将配线架固定到机柜合适位置

（2）从机柜进线处开始整理线缆，线缆沿机柜两侧整理至配线架处，并留出大约 25cm 的大对数线缆，用电工刀或剪刀把大对数线缆的外皮剥去，使用绑扎带固定好线缆，将线缆穿入 110 语音配线架左右两侧的进线孔，摆放至配线架打线处，具体步骤如图 8-31 所示。

1）用剪刀把线封撕裂绳剪掉，如图 8-31a 所示。

2）把所有线对插入线槽，如图 8-31b 所示。

3）把大对数线缆按 110 配线架进线原则进行分线，如图 8-31c 所示。

（3）将 25 对线缆进行线序排线，首先进行主色分配，再进行配色分配，标准分配原则介绍如下。

线缆主色为白、红、黑、黄、紫，线缆配色为蓝、橙、绿、棕、灰。一组线缆为 25 对，以色带来分组。

a）

b）
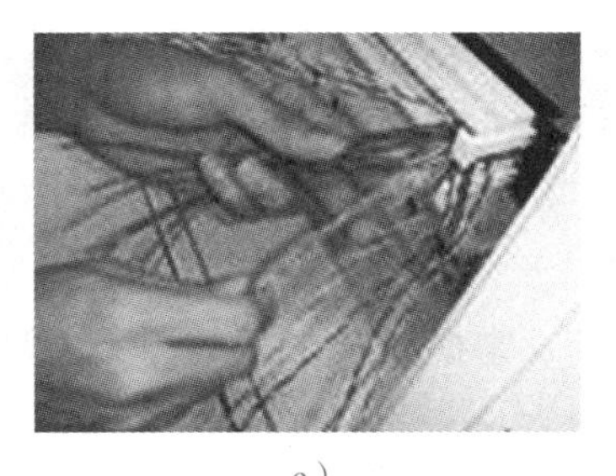
c）

图 8-31 整理线缆

一共有 25 组分别为：

1）白蓝、白橙、白绿、白棕、白灰

2）红蓝、红橙、红绿、红棕、红灰

3）黑蓝、黑橙、黑绿、黑棕、黑灰

4）黄蓝、黄橙、黄绿、黄棕、黄灰

5）紫蓝、紫橙、紫绿、紫棕、紫灰

1~25 对线为第一小组，用白蓝相间的色带缠绕。

26~50 对线为第二小组，用白橙相间的色带缠绕。

51~75 对线为第三小组，用白绿相间的色带缠绕。

76~100 对线为第四小组，用白棕相间的色带缠绕。

用白蓝相间的色带把 4 小组缠绕在一起，此 100 对线为一大组。

200 对、300 对、400 对、…2400 对以此类推。

（4）根据线缆色谱排列顺序，将对应颜色的线对逐一压入槽内，然后使用打线工具固定线对，同时将伸出槽位外多余的导线截断，具体过程如图 8-32 所示。

1）先按主色排列，如图 8-32a 所示。

2）按配色排列，如图 8-32b 所示。

3）排列后把线卡入相应位置，如图 8-32c 所示。

4）卡好后的效果图如图 8-32d 所示。

5）用准备好的单用打线刀，逐条压入并打断多余的线，如图 8-32e 所示。

6）完成后的效果图，如图 8-32f 所示。

（5）当线对逐一压入槽内，再用 5 对打线刀把 110 语音配线架的连接端子压入槽内，并贴上编号标签，如图 8-33 所示。

1）准备好 5 对打线刀，如图 8-33a 所示。

2）把端子放入打线刀里，如图 8-33b 所示。

3）把端子垂直打入 110 配线架端子里，如图 8-33c 所示。

4）110 配线架端子共 25 对，如图 8-33d 所示。

5）完成的效果图，如图 8-33e 所示。

6）完成后可以安装语音跳线，如图 8-33f 所示。

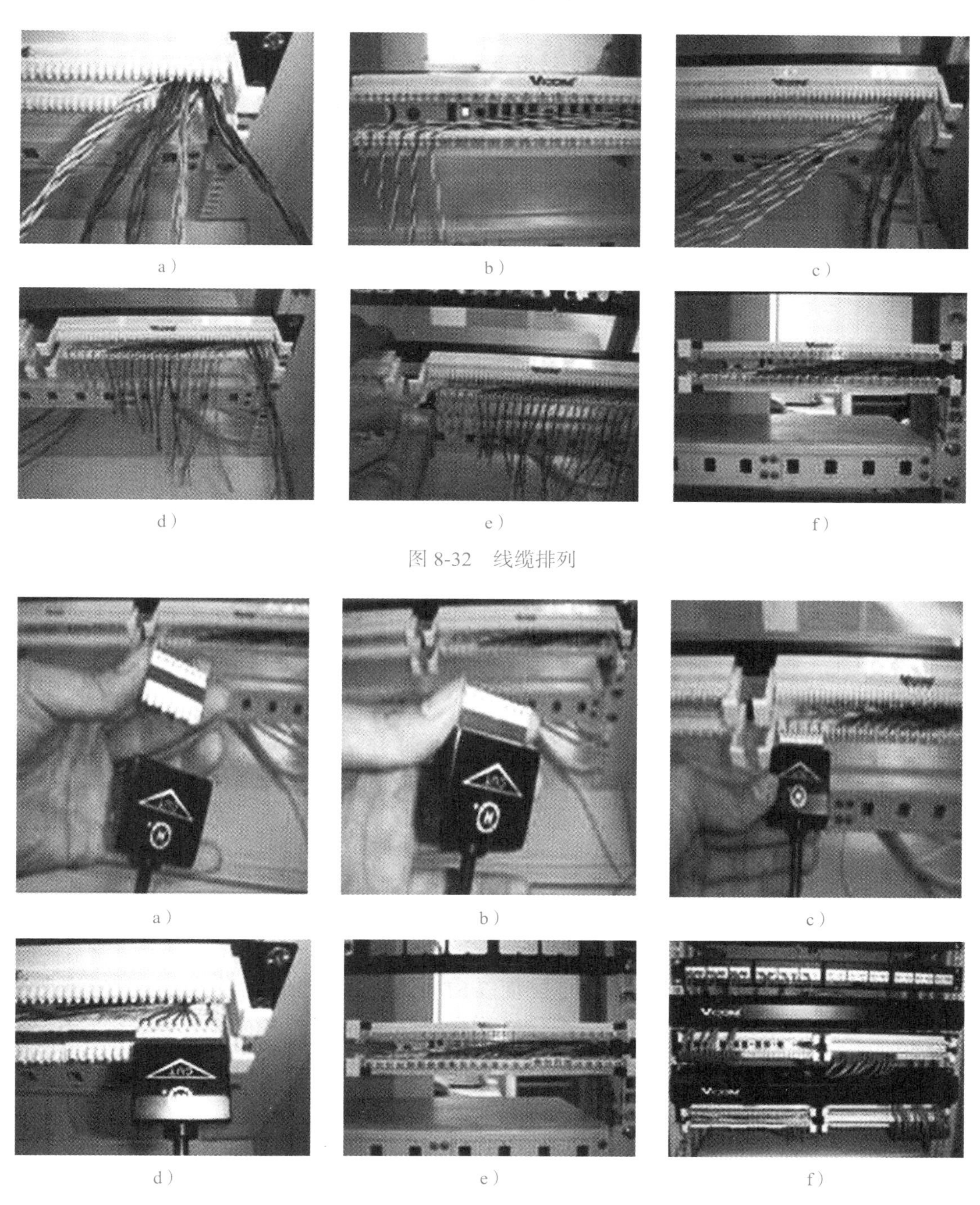

a）　b）　c）

d）　e）　f）

图 8-32　线缆排列

a）　b）　c）

d）　e）　f）

图 8-33　压入槽内并贴标签

四、过程测评

任务五过程测评见表 8-5。

表 8-5　任务五过程测评

<table>
<tr><th>考核项目</th><th colspan="2">考核要求</th><th>配分</th><th colspan="2">评分标准</th><th>扣分</th><th>得分</th><th>备注</th></tr>
<tr><td>安装 110 语音配线架</td><td colspan="2">正确安装 110 语音配线架</td><td>95</td><td colspan="2">1. 配线架位置安装不合适扣 2 分
2. 不会整理线缆或整理线缆混乱扣 2 分
3. 不会对线缆进行排序或排序有误扣 2 分
4. 不会使用打线工具固定线对扣 2 分</td><td></td><td></td><td></td></tr>
<tr><td>安全生产</td><td colspan="2">自觉遵守安全文明生产规程</td><td>5</td><td colspan="2">遵守不扣分，不遵守扣 5 分</td><td></td><td></td><td></td></tr>
<tr><td>时间</td><td colspan="2">1h</td><td></td><td colspan="2">超过额定时间，每 5min 扣 2 分</td><td></td><td></td><td></td></tr>
<tr><td>开始时间</td><td></td><td>结束时间</td><td colspan="2"></td><td>实际时间</td><td colspan="3"></td></tr>
<tr><td>成绩</td><td colspan="8"></td></tr>
</table>

任务六　光纤连接器互连

一、任务目标

掌握光纤连接器互连操作方法。

二、任务准备

光纤连接器、光纤。

三、任务操作

光纤连接器的互连端接比较简单，下面以 ST 光纤连接器为例，说明其互连方法。

（1）清洁 ST 连接器。拿下 ST 连接器头上的黑色保护帽，用蘸有光纤清洁剂的棉签轻轻擦拭连接器接头。

（2）清洁耦合器。摘下光纤耦合器两端的红色保护帽，用蘸有光纤清洁剂的杆状清洁器穿过耦合器孔擦拭其内部，以除去其中的碎片，如图 8-34 所示。

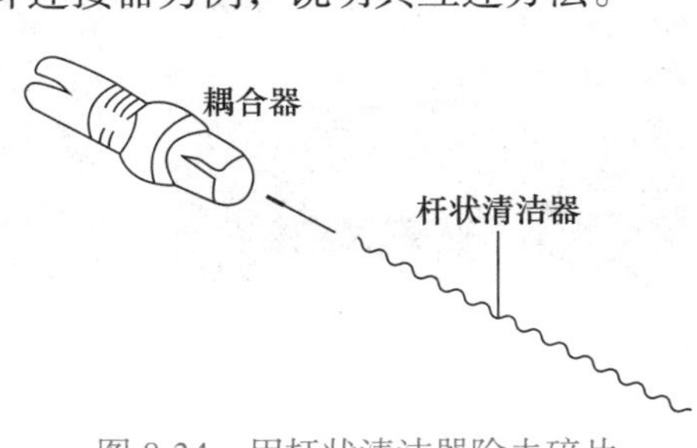

图 8-34　用杆状清洁器除去碎片

（3）使用罐装气，吹去耦合器内部的灰尘，如图 8-35 所示。

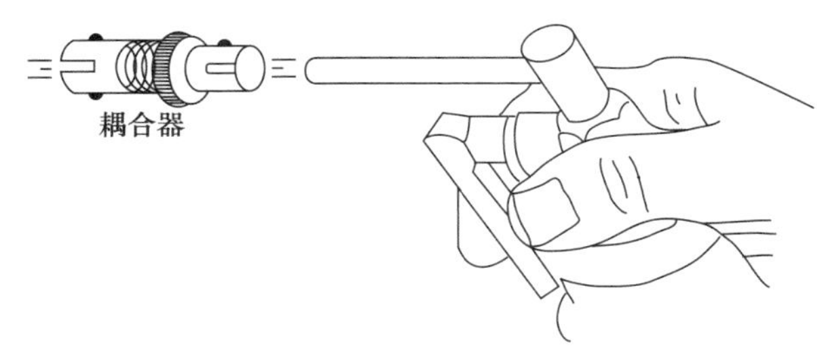

图 8-35　用罐装气吹去耦合器中的灰尘

（4）将 ST 光纤连接器插到一个耦合器中。将光纤连接器头插入耦合器的一端，耦合器上的突起对准连接器槽口，插入后旋转连接器使其锁定。如经测试发现光能量损耗较大，则需摘下连接器并用罐装气重新净化耦合器，然后再插入 ST 光纤连接器。在耦合器的两端插入 ST 光纤连接器，并确保两个连接器的端面在耦合器中接触，如图 8-36 所示。

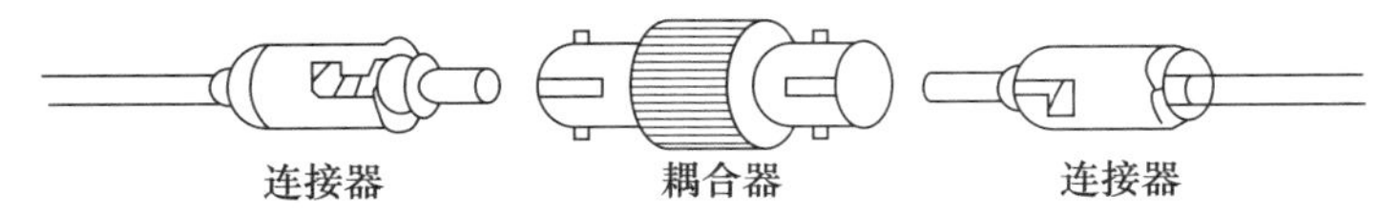

图 8-36　将 ST 光纤连接器插入耦合器

注意：每次重新安装时，都要用罐装气吹去耦合器的灰尘，并用蘸有光纤清洁剂的棉签擦拭 ST 光纤连接器接头。

（5）重复以上步骤，直到所有的 ST 光纤连接器都插入耦合器为止。

注意：若来不及装上所有的 ST 光纤连接器，则要给 ST 光纤连接器接头上盖上黑色保护帽，给耦合器空白端或未连接的一端（另一端已插上连接头的情况）盖上红色保护帽。

四、过程测评

任务六过程测评见表 8-6。

表 8-6　任务六过程测评

考核项目	考核要求	配分	评分标准	扣分	得分	备注
光纤连接器的互连操作	掌握光纤连接器的互连操作方法	95	1. 不会清洁 ST 连接器接头扣 2 分 2. 不会清洁耦合器或清洁操作有误扣 2 分 3. 不会使用灌装气吹去耦合器内部的灰尘扣 2 分 4. 不会光纤连接器与耦合器的连接操作扣 2 分			

（续）

考核项目	考核要求		配分	评分标准		扣分	得分	备注
安全生产	自觉遵守安全文明生产规程		5	遵守不扣分，不遵守扣 5 分				
时间	3h			超过额定时间，每 5min 扣 2 分				
开始时间		结束时间			实际时间			
成绩								

任务七 光纤熔接

一、任务目标

掌握光纤熔接的方法。

二、任务准备

光纤熔接机、光纤。

三、任务原理

光纤熔接是目前普遍采用的光纤续接方法，光纤熔接机通过高压放电将续接光纤端面熔融后，将两根光纤连接到一起成为一段完整的光纤。这种方法续接损耗小（一般小于 0.1dBm），而且可靠性高。熔接光纤不会产生缝隙，因而不会引入反射损耗，入射损耗也很小，在 0.01~0.15dBm 之间。在进行光纤熔接前要把涂覆层剥离，机械接头本身是保护连接光纤的护套，但在熔接连接处却没有任何的保护。因此，光纤熔接机采用涂覆器重新涂覆熔接区域或使用熔接保护套管两种方式来保护光纤。现在普遍采用熔接保护套管的方式，将保护套管套在接合处，然后对它们进行加热，因套管内管是由热材料制成的，因此这些套管就可以固定在需要保护的地方。加固件也可避免光纤在这一区域弯曲。

四、任务操作

（1）确定要熔接的光纤是多模光纤还是单模光纤，起动光纤熔接机。

（2）测量光纤熔接距离。

（3）用开线工具去除光纤外部护套及中心束管，剪除凯夫拉线，除去光纤上的油膏。

（4）用光纤剥离钳剥去光纤涂覆层，其长度由熔接机决定，大多数熔接机规定剥离的长度为 2~5cm。

（5）光纤一端套上热缩套管。

（6）用酒精擦拭光纤，用切割刀将光纤切至规范距离，制备光纤端头，将切下的光纤端头扔在指定的容器内。

（7）打开电极上的护罩，将光纤放入 V 形槽，移动光纤，当光纤端头处于两电极之间时停下。

（8）将两根光纤放入 V 形槽后，合上 V 形槽和电极护罩，自动或手动对准光纤。

（9）开始光纤的预熔。

（10）通过高压电弧放电把两光纤的端头熔接在一起。

（11）光纤熔接后，测试接头损耗，进行质量判断。

（12）符合要求后，将保护套管置于加热器中加热收缩，以保护接头。

（13）光纤熔接后放于续接盒内固定。

五、过程测评

任务七过程测评见表 8-7。

表 8-7　任务七过程测评

<table>
<tr><th>考核项目</th><th colspan="2">考核要求</th><th>配分</th><th colspan="2">评分标准</th><th>扣分</th><th>得分</th><th>备注</th></tr>
<tr><td>光纤熔接的操作</td><td colspan="2">按照操作步骤正确对光纤进行熔接</td><td>95</td><td colspan="2">不会熔接或熔接没有达到要求，每个步骤扣 2 分</td><td></td><td></td><td></td></tr>
<tr><td>安全生产</td><td colspan="2">自觉遵守安全文明生产规程</td><td>5</td><td colspan="2">遵守不扣分，不遵守扣 5 分</td><td></td><td></td><td></td></tr>
<tr><td>时间</td><td colspan="2">1h</td><td></td><td colspan="2">超过额定时间，每 5min 扣 2 分</td><td></td><td></td><td></td></tr>
<tr><td>开始时间</td><td></td><td>结束时间</td><td colspan="2"></td><td>实际时间</td><td colspan="3"></td></tr>
<tr><td>成绩</td><td colspan="8"></td></tr>
</table>

疑问解答

光纤熔接过程中由于光纤熔接机设置不当，会出现异常情况，具体情况见表 8-8。

表 8-8　光纤熔接机熔接时的异常情况

<table>
<tr><th>异常</th><th>原因</th><th>解决方法</th></tr>
<tr><td rowspan="2">设定异常</td><td>光纤在 V 形槽中伸出太长</td><td>参照防风罩内侧的标记，重新将光纤放置在合适的位置</td></tr>
<tr><td>切割长度太长</td><td>重新剥除、清洁、切割和放置光纤</td></tr>
<tr><td rowspan="2">光纤不清洁或者镜头不清洁</td><td>光纤表面、镜头或反光镜脏</td><td>重新剥除、清洁、切割和放置光纤清洁镜头、升降镜和防风罩反光镜</td></tr>
<tr><td>清洁放电功能关闭时间太短</td><td>如必要时增加清洁放电时间</td></tr>
</table>

（续）

异常	原因	解决方法
光纤端面质量差	切割角度大于门限值	重新剥除、清洁、切割和放置光纤，如仍发生切割不良、确认切割刀的状态
超出行程	切割长度太短	重新剥除、清洁、切割和放置光纤
	切割放置位置错误	重新放置光纤在合适的位置
	V 形槽脏	清洁 V 形槽
气泡	光纤端头切割不良	重新制备光纤或检查光纤切割刀
	光纤端头脏	重新制备光纤端头
	光纤端头边缘破裂	重新制备光纤端头或检查光纤切割刀
	预熔时间短	调整预熔时间
太细	锥形功能打开	确保“锥形熔接”功能关闭
	光纤送入量不足	执行“光纤送入量检查”指令
	放电强度太强	如不用自动模式时，减小放电强度
太粗	光纤送入量过大	执行光纤送入量检查指令

任务八　认证测试

一、任务目标

（1）学会使用 FLUKE DTX 线缆分析仪。

（2）掌握认证测试方法。

二、任务准备

FLUKE DTX 线缆分析仪一台。

三、任务操作

已安装好的布线系统链路如图 8-37 所示，下面用 FLUKE DTX 线缆分析仪以 TIA/EIA 标准，测试 UTP CAT 6 永久链路，来介绍认证测试过程。

1. 测试步骤

（1）连接被测链路。将测试仪主机、远端机与被测链路相连，因为是永久链路测试，所以必须用永久链路适配器连接，如图 8-38 所示为永久链路测试连接方式。如果是信道测试，就使用原连接线缆连接仪表，如图 8-39 所示信道测试连接方式。

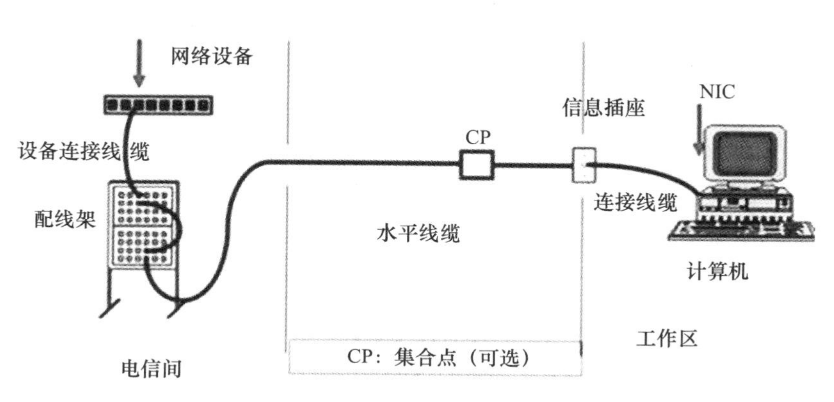

图 8-37　布线系统链路

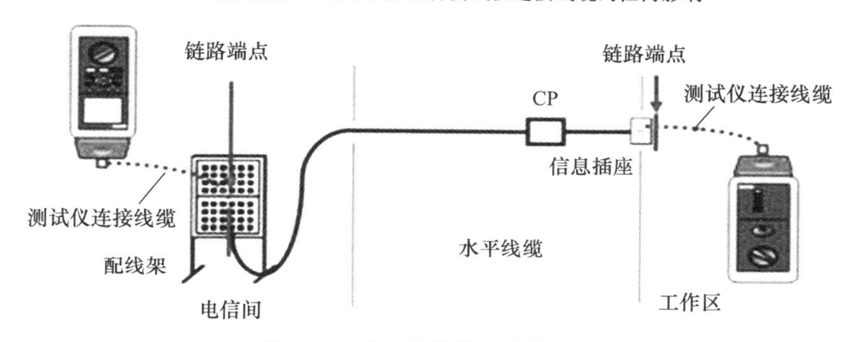

图 8-38　永久链路测试连接方式

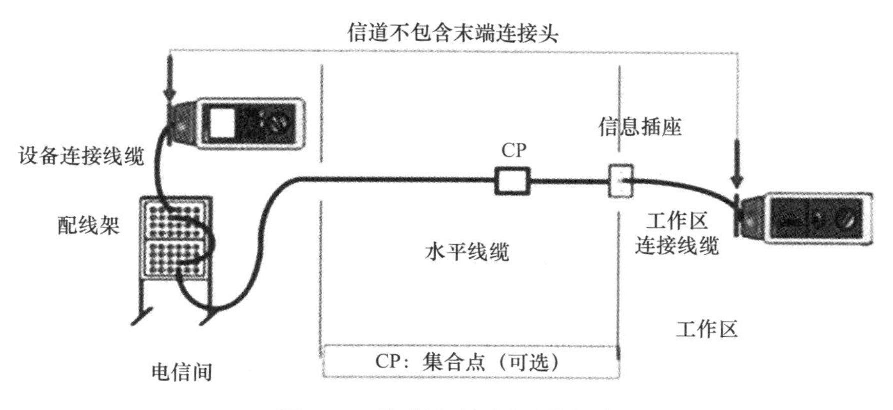

图 8-39　信道链路测试连接方式

（2）按绿键起动 FLUKE_DTX 线缆分析仪，如图 8-40a 所示，并选择中文或中英文界面。

（3）选择双绞线、测试类型和标准：

1）将旋钮转至 SETUP 项，如图 8-40b 所示。

2）依次选择 Twisted Pair、Cable Type、UTP、Cat 6 UTP、Test Limit、TIA Cat 6 Perm. Link，如图 8-40c 所示。

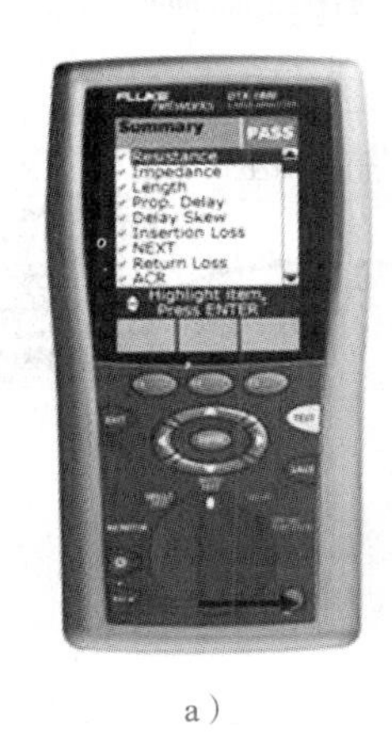

a）

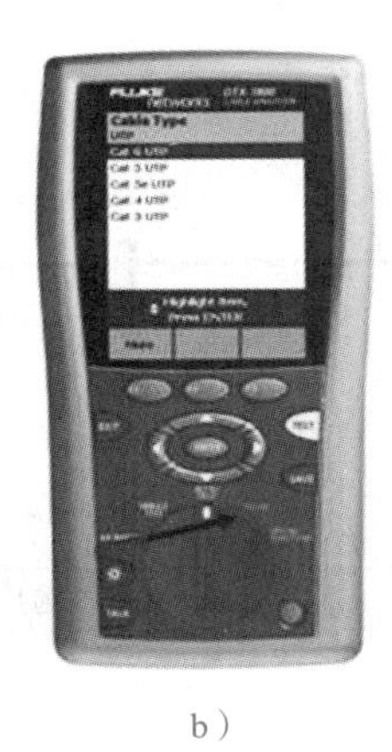

b）

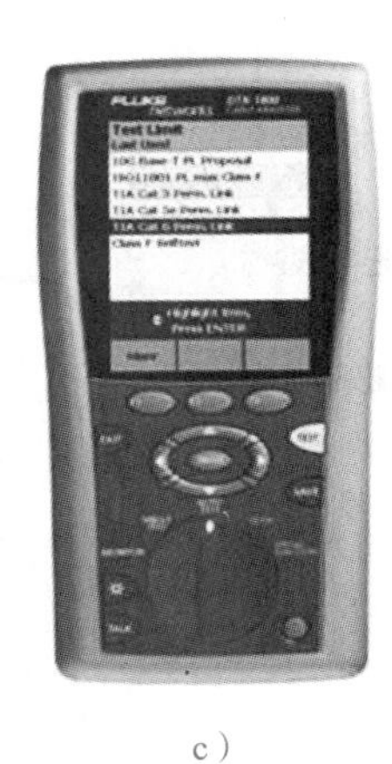

c）

图 8-40　测试步骤

（4）按 TEST 键，启动自动测试，最快 9s 完成一条正确链路的测试。

（5）在 FLUKE DTX 线缆测试仪中为测试结果命名，如图 8-41 所示；测试结果命名途径：

1）通过 LinkWare 预先下载。

2）手动输入。

3）自动递增。

4）自动序列。

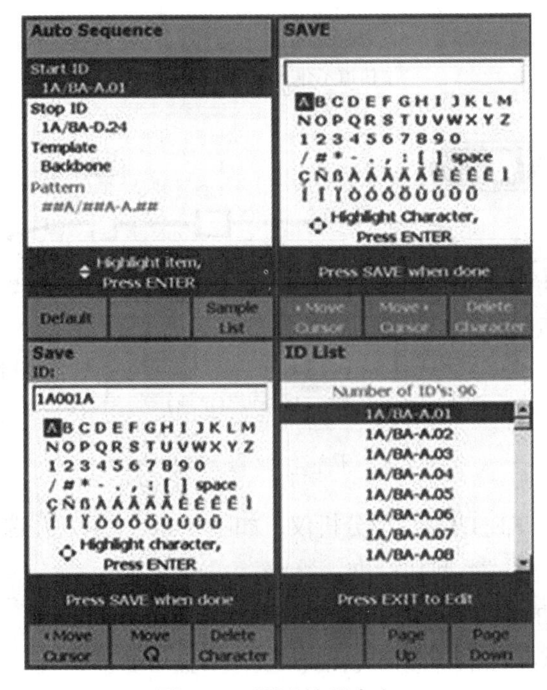

图 8-41　测试结果命名

（6）保存测试结果。测试通过后，按“SAVE”键保存测试结果，结果可保存于内部存储器和 MMC 多媒体卡。

（7）故障诊断。测试中出现“失败”信息时，要进行相应的故障诊断测试。按“故障信息键”（F1 键）可直观显示故障信息并提示解决方法，再启动 HDTDR 和 HDTDX 功能，扫描定位故障。查找故障后，排除故障，重新进行自动测试，直至指标全部通过为止。

（8）将测试结果送到管理软件 LinkWare。当所有要测试的信息点测试完成后，将移动存储卡上的测试结果送到安装在计算机上的 LinkWare 管理软件进行管理分析。LinkWare 软件提供用户测试报告有几种形式，图 8-42 所示为其中的一种。

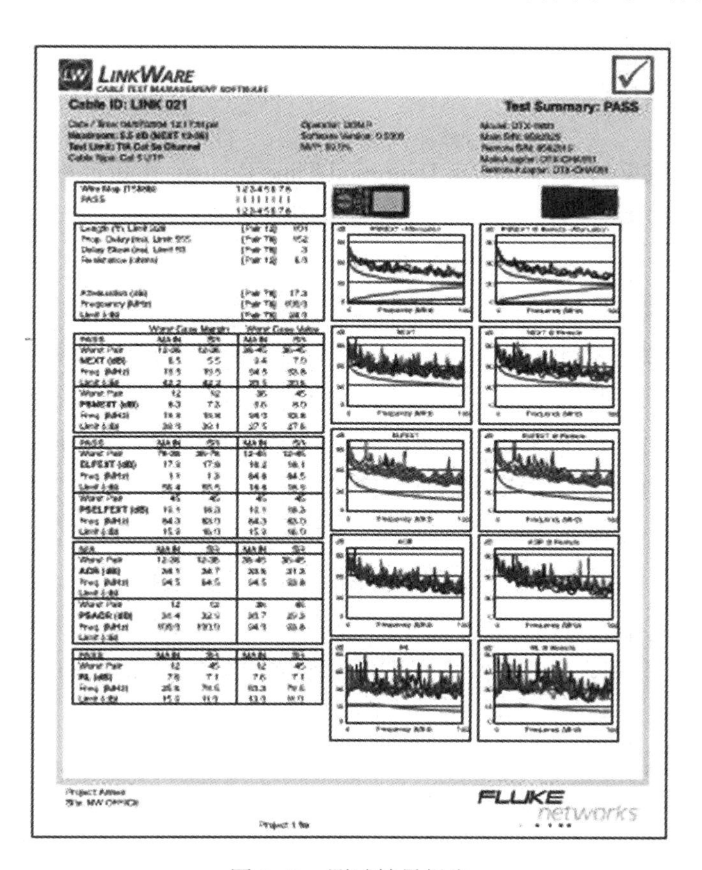

图 8-42　测试结果报告

（9）打印输出。可从 LinkWare 打印输出，也可通过串口将测试主机直接连到打印机进行打印输出。

测试注意事项：

1）认真阅读测试仪使用说明书，正确使用仪表。

2）测试前要完成对测试仪主机、辅机的充电工作，并观察充电是否达到 80% 以上。

不要在电压过低的情况下测试，中途充电可能会造成已测试的数据丢失。

3）熟悉布线现场和布线图，测试过程中也可同时对管理系统现场文档、标识进行检验。

4）发现链路结果为“Test Fail”时，可能由多种原因造成，应进行复测再次确认。

2. FLUKE DTX 线缆分析仪的故障诊断

综合布线存在的故障包括接线图错误、电缆长度问题、衰减过大、近端串音过高和回波损耗过大等。超 5 类和 6 类标准对近端串音和回波损耗的链路性能要求非常严格，即使所有元件都达到规定的指标且施工工艺也达到满意的水平，但还是非常有可能链路测试失败。为了保证工程的合格，故障需要及时解决，因此对故障的定位技术和定位的准确度提出了较高的要求，诊断能力可以节省大量的故障诊断时间。FLUKE DTX 线缆分析仪采用两种先进的高精度时域反射分析 HDTDR 和高精度时域串扰分析 HDTDX 对故障定位分析。

（1）高精度时域反射分析（High Definition Time Domain Reflectometry，HDTDR）：主要用于测量长度、传输时延（环路）、时延差（环路）和回波损耗等参数，并针对有阻抗变化的故障进行精确的定位，用于与时间相关的故障诊断。

该技术通过在被测试线对中发送测试信号，同时监测信号在该线对的反射相位和强度来确定故障的类型，通过信号发生反射的时间和信号在线缆中传输的速度可以精确地报告故障的具体位置。测试端发出测试脉冲信号，当信号在传输过程中遇到阻抗变化时就会产生反射，不同的物理状态所导致的阻抗变化是不同的，而不同的阻抗变化对信号的反射状态也是不同的。当远端开路时，信号反射并且相位未发生变化；当远端为短路时，反射信号的相位发生了变化，如果远端有信号终结器，则没有信号反射。线缆测试仪就是根据反射信号的相位变化和时延来判断故障类型和距离的。

（2）高精度时域串扰分析（High Definition Time Domain Crosstalk，HDTDX）：通过在一个线对上发出信号的同时，在另一个线对上观测信号的情况来测量串扰相关的参数以及故障诊断。由于是在时域进行测试，因此根据串扰发生的时间和信号的传输速度可以精确地定位串扰发生的物理位置。这是一种能够对近端串音进行精确定位并且不存在测试死区的技术。

3. 故障诊断步骤

在高性能布线系统中有两个主要的“性能故障”，分别是近端串音（NEXT）和回波损耗（RL）。下面分别介绍这两类故障的分析方法。

（1）使用 HDTDX 诊断 NEXT

1）当线缆测试不通过时，先按“故障信息键”（F1 键），如图 8-43 所示，此时将直观显示故障信息并提示解决方法。

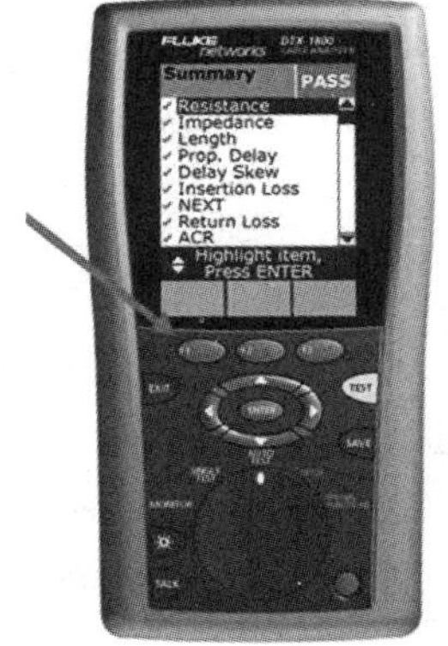

图 8-43 按 F1 键

2）深入评估 NEXT 的影响，按“EXIT”键返回摘要屏幕。

3）选择“HDTDX Analyzer”，HDTDX 显示更多线缆和连接器的 NEXT 详细信息。图 8-44a 所示故障是 58.4m 集合点端接不良导致 NEXT 不合格，图 8-44b 所示故障是线缆质量差，或是使用了低级别的线缆造成整个链路 NEXT 不合格。

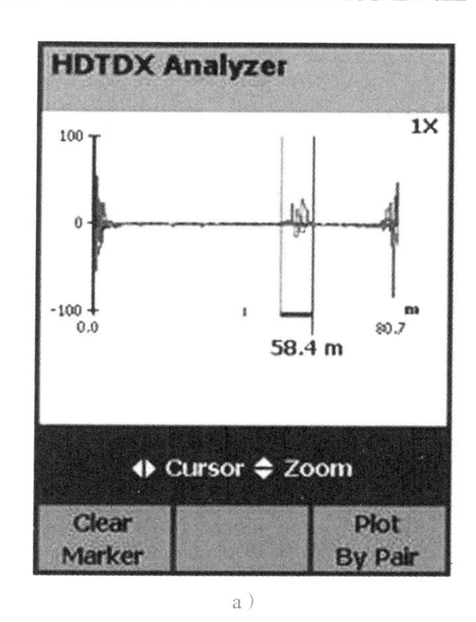

a）

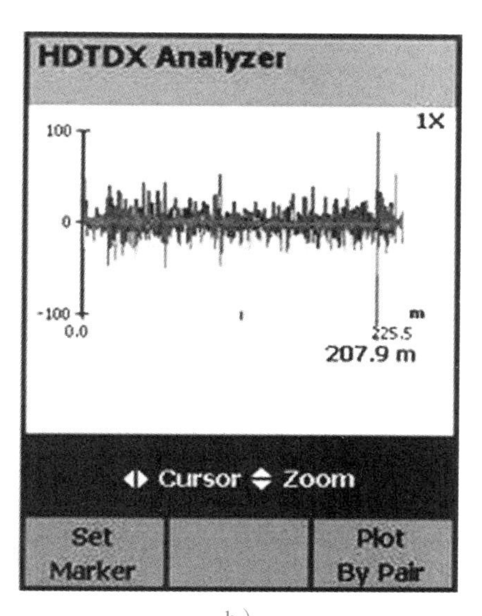

b）

图 8-44　HDTDX 分析 NEXT 故障结果

a）集合点端接不良　b）线缆质量差导致链路不合格

（2）使用 HDTDR 诊断 RL。

1）当线缆测试不通过时，先按“故障信息键”（F1 键），此时将直观显示故障信息并提示解决方法。

2）深入评估 RL 的影响，按“EXIT”键返回摘要屏幕。

3）选择“HDTDR Analyzer”，HDTDR 显示更多线缆和连接器的 RL 详细信息，如图 8-45 所示，70.6m 处 RL 异常。

4. 故障类型及解决方法

（1）线缆接线图未通过。线缆接线图和长度问题主要包括开路、短路、交叉等几种错误类型。开路、短路在故障点都会有很大的阻抗变化，对这类故障都可以利用 HDTDR 技术来进行定位。故障点会对测试信号造成不同程度的反射，并且不同的故障类型的阻抗变化是不同的，因此测试设备可以通过测试信号相位的变化以及相位的反射时延来判断故障类型和距离。当然定位的准确与否还受设备设定的信号在该链路中的标称传输率（NVP）的影响。

（2）长度问题。长度未通过的原因可能有 NVP 设置不正确，可用已知长度的好线缆校准 NVP；实际长度超长；设备连线及跨接线的总长过长。

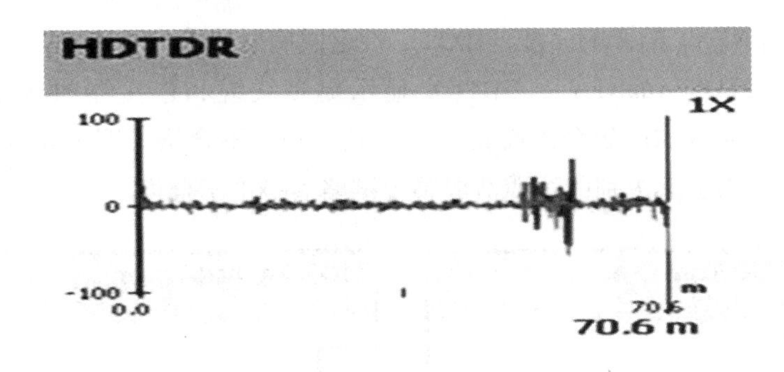

图 8-45　70.6m 处 RL 异常

（3）衰减（Attenuation）。信号的衰减与很多因素有关，如现场的温度、湿度、频率、线缆长度和端接工艺等。在现场测试工程中，在线缆材质合格的前提下，衰减大多与线缆超长有关，通过前面的介绍很容易知道，对于链路超长可以通过 HDTDR 技术进行精确的定位。

（4）近端串音。产生的原因有端接工艺不规范，如接头处打开双绞部分超过推荐的 13 mm，造成了线缆绞距被破坏；跳线质量差；不良的连接器；线缆性能差；缠绕；线缆间过分挤压等。对这类故障可以利用 HDTDX 发现它们的故障位置，无论它是发生在某个接插件还是某一段链路。

（5）回波损耗。回波损耗是由于链路阻抗不匹配造成的信号反射。产生的原因有连接线缆特性阻抗不是 100Ω；线缆线对有扭结；连接器不良；线缆和连接器阻抗不恒定；链路上线缆和连接器非同一厂家产品；线缆不是 100Ω 的（例如使用了 120Ω 线缆）等。知道了回波损耗产生的原因是由于阻抗变化引起的信号反射，就可以利用针对这类故障的 HDTDR 技术进行精确定位了。

四、过程测评

任务八过程测评见表 8-9。

表 8-9　任务八过程测评

考核项目	考核要求	配分	评分标准	扣分	得分	备注
认证测试	掌握认证测试步骤	20	1. 不会测试或测试操作有误，每个步骤扣 2 分 2. 操作混乱，没有按操作步骤一一执行扣 2 分			

（续）

考核项目	考核要求	配分	评分标准	扣分	得分	备注
FLUKE DTX 线缆分析仪故障诊断	掌握 FLUKE DTX 线缆分析仪故障诊断操作	40	1. 不会使用 HDTDX 诊断 NEXT 或操作有误，每个诊断步骤扣 2 分 2. 不会使用 HDTDR 诊断 RL 或操作有误，每个步骤扣 2 分			
常见故障类型及解决方法	掌握常见故障解决方法	35	不会解决故障或故障解决未成功每个故障扣 2 分			
安全生产	自觉遵守安全文明生产规程	5	遵守不扣分，不遵守扣 5 分			
时间	3h		超过额定时间，每 5min 扣 2 分			
开始时间		结束时间		实际时间		
成绩						

任务九　常用电动工具的使用

一、任务目标

掌握常用电动工具的使用方法。

二、任务准备

电动螺钉旋具、冲击电钻、切割机、台钻、角磨机或打磨器。

三、任务操作

1. 电动螺钉旋具操作规程

（1）按使用说明规范操作。

（2）检查电动螺钉旋具电池是否有电，安装大小适合的螺钉批头（见图 8-46a），并检查一下批头是否拧紧（见图 8-46b）。

（3）安装螺钉时先要调整好电动螺钉旋具的工作方向（有顺、逆时针两种方向），如图 8-46c 所示。

（4）安装电工面板，如图 8-46d 所示。

（5）安装信息面板，如图 8-46e 所示。

2. 冲击电钻操作规程

冲击电钻有三种工作方式：冲击电钻只具备旋转方式，特别适合于在需要很小力的材料上钻孔，例如软木、金属、砖、瓷砖等；冲击电钻依靠旋转和冲击来工作；冲击电

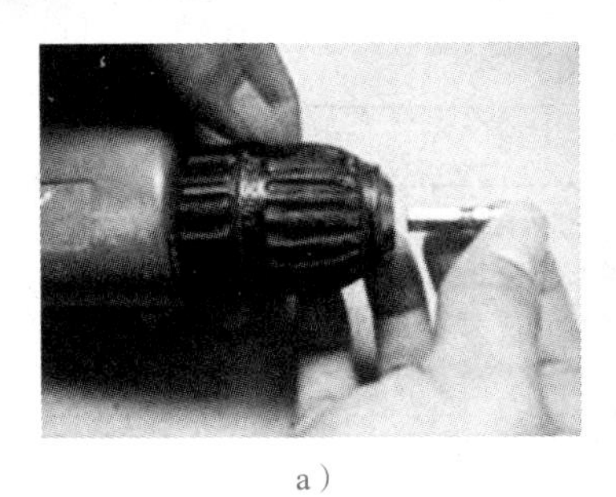

a）

b）

c）

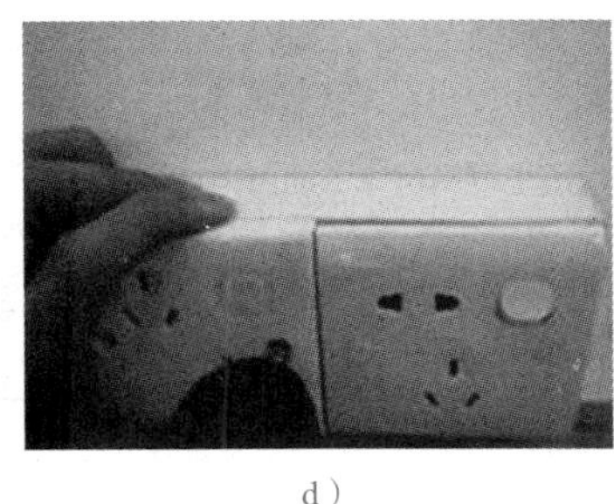

d）

e）

图 8-46　电动螺钉旋具操作规程

钻只具备，其冲击力单一的冲击是非常轻微的，但每分钟 40000 多次的冲击频率可产生连续的力，冲击电钻可用于天然的石头或混凝土。因为既可以用“单钻”模式，也可以用“冲击钻”模式，所以对专业人员和业余使用者来说，它都是值得选择的基本电动工具。

使用冲击电钻时的个人防护：

1）面部朝上作业时，要戴上防护面罩。在生铁铸件上钻孔要戴好防护眼镜，以保护眼睛。

2）钻头夹持器应妥善安装。

3）作业时钻头处在灼热状态，应注意避免灼伤肌肤。

4）钻 Φ12mm 以上的孔时应使用有侧柄手枪电钻。

5）站在梯子上或高处作业时应做好防止高处坠落的措施，梯子应有地面人员帮扶。

具体使用过程如图 8-47 所示。

（1）安装合适的钻头，如图 8-47a 所示。

（2）调节深浅辅助器，如图 8-47b 所示。

（3）更换不同尺寸的钻头，如图 8-47c 所示。

（4）可以根据不同的施工，调节不同的工作方式，如图 8-47d 所示。

3. 切割机、台钻操作规程

（1）切割机、台钻必须按使用说明规范操作。

（2）学生须经指导教师同意方可操作。

（3）使用前应检查机器，保证机器接地良好、不漏电，砂轮片完整、无裂纹。

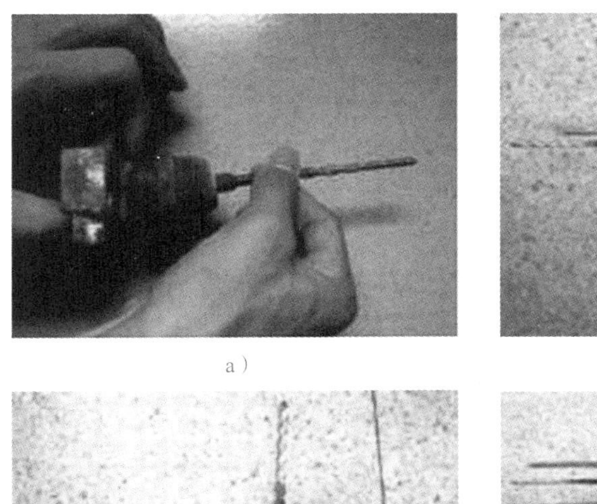

a）

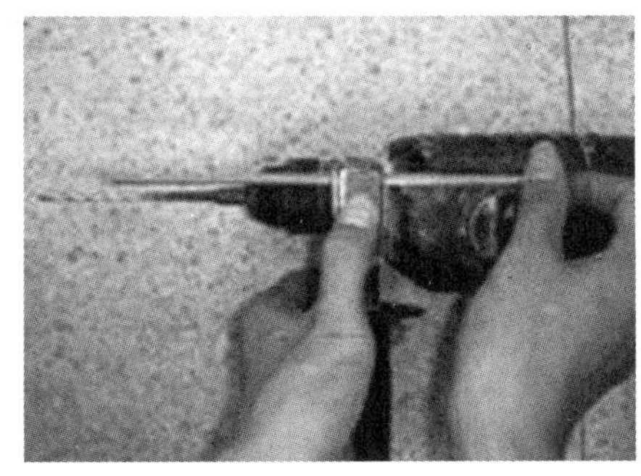

b）

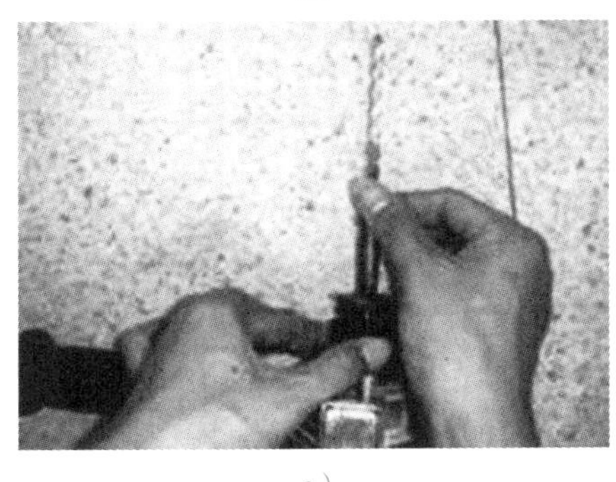

c）

d）

图 8-47　冲击电钻具体使用过程

（4）开机后先空运转 1min 左右，判断运转正常后方可使用。

（5）注意不能碰撞、移动切割机。使用时，注意周围环境，不许打闹。

（6）用台钻操作时，工件应用台钳夹持好，装好钻头。注意控制速度，单人操作，不能戴手套。

（7）设备使用结束后，切断电源，放好工具，打扫干净方可离去。

4. 角磨机或打磨器操作规程

（1）带保护眼罩。

（2）打开开关之后，要等待砂轮转动稳定后才能工作。

（3）使用前一定要先把头发扎起。

（4）切割方向不能对着操作台或他人。

（5）连续工作半小时后要停 15min。

（6）不能用手持小零件使用角磨机进行加工。

（7）工作完成后自觉清洁工作环境。

四、过程测评

任务九过程测评见表 8-10。

表 8-10　任务九过程测评

考核项目	考核要求	配分	评分标准	扣分	得分	备注
电动螺钉旋具的操作	正确使用电动螺钉旋具	30	1. 不会安装合适的螺钉批头扣 2 分 2. 不会调整电动螺钉旋具的工作方向扣 2 分 3. 安装面板不正确扣 2 分			
冲击电钻的操作	正确操作冲击电钻	30	1. 选择钻头有误扣 2 分 2. 不会调节深浅辅助器扣 2 分 3. 不会更改钻头扣 2 分 4. 根据施工不同，不会调节工作方式扣 2 分			
切割机、台钻的操作	正确操作切割机、台钻	35	1. 操作前没有做好检查扣 2 分 2. 没有按要求操作，每个步骤扣 2 分			
安全生产	自觉遵守安全文明生产规程	5	遵守不扣分，不遵守扣 5 分			
时间	3h		超过额定时间，每 5min 扣 2 分			
开始时间		结束时间		实际时间		
成绩						

任务十　PVC 线槽成型

一、任务目标

掌握 PVC 线槽成型操作方法。

二、任务准备

（1）尺子、剪刀各一把。

（2）铅笔一支。

（3）PVC 线槽若干。

三、任务操作

1. PVC 线槽水平直角成型步骤

（1）先对线槽的长度进行定点，如图 8-48a 所示。

（2）以点为基准画一条直线，如图 8-48b 所示。

（3）以这条直线为直角线画一个等边三角形，如图 8-48c 所示。

（4）在线槽另一侧画线，如图 8-48d 所示。

（5）以线为边进行裁剪，如图 8-48e 所示。

（6）把这个三角形剪去，如图 8-48f 所示。

（7）裁剪后的效果，如图 8-48g 所示。

（8）把线槽弯曲成型，如图 8-48h 所示。

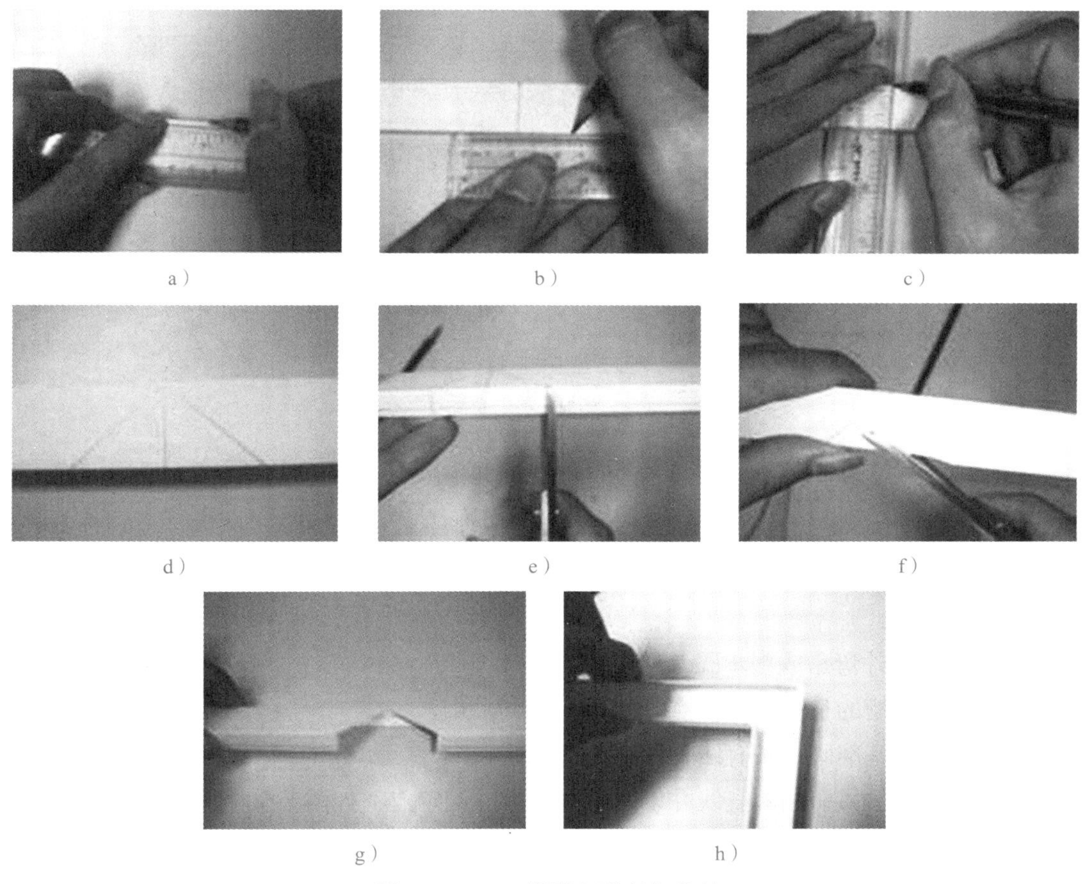

a）　b）　c）　d）　e）　f）　g）　h）

图 8-48　PVC 线槽水平直角成型

2. PVC 线槽内弯角成型步骤

（1）先对线槽的长度进行定点，如图 8-49a 所示。

（2）以点为基准画一条直线，如图 8-49b 所示。

（3）以这条直线为直角线画一个等边三角形，如图 8-49c 所示。

（4）画好的效果图，如图 8-49d 所示。

（5）在线槽另一侧画上线，如图 8-49e 所示。

（6）把这两个三角形剪去，如图 8-49f 所示。

（7）把线槽弯曲成型，如图 8-49g 所示。

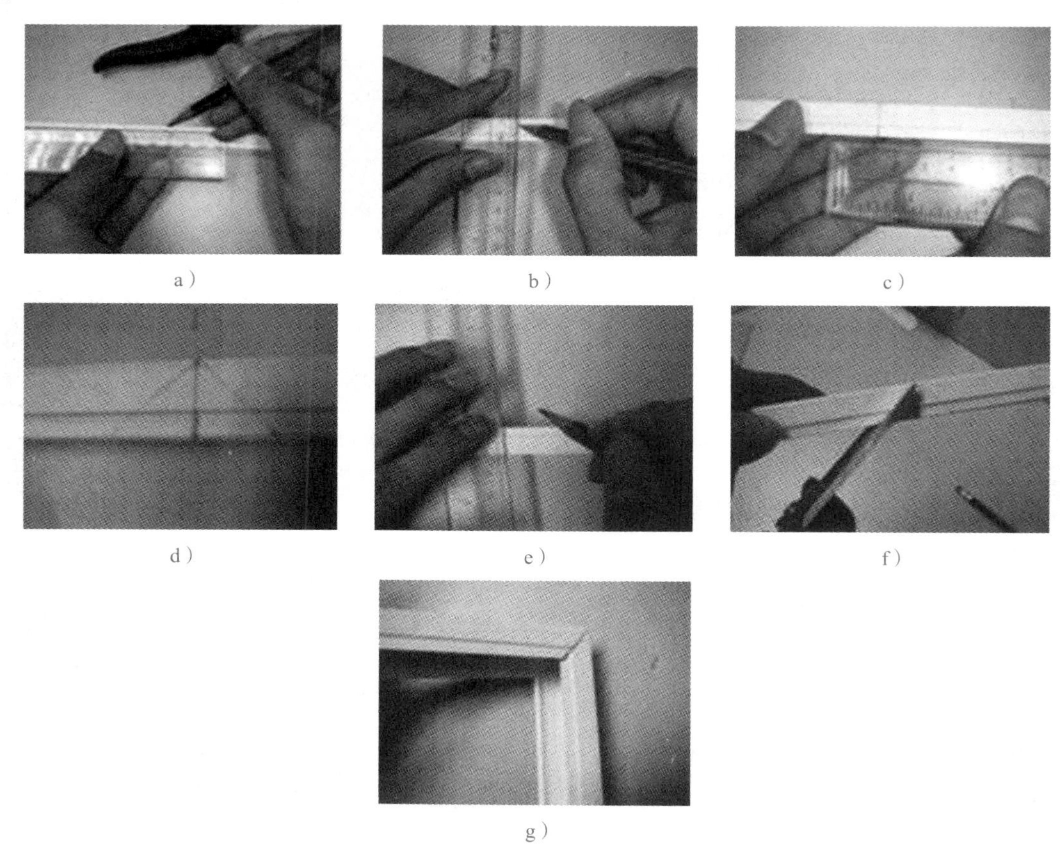

图 8-49　PVC 线槽内弯角成型

3. PVC 线槽外弯角成型步骤

（1）先对线槽的长度进行定点，如图 8-50a 所示。

（2）以点为基准画一条直线，如图 8-50b 所示。

（3）在线槽的另一侧画直线并以这条线在另一侧定点，如图 8-50c 所示。

（4）用剪刀剪线槽两侧，如图 8-50d 所示。

（5）将线槽弯曲，如图 8-50e 所示。

（6）得到的外弯角成型如图 8-50f 所示。

a）

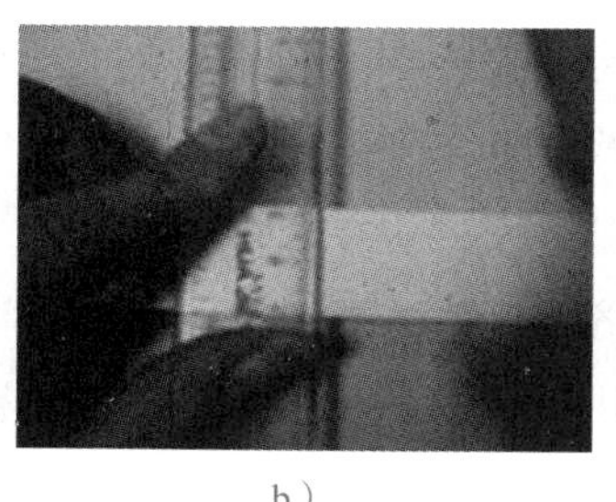

b）

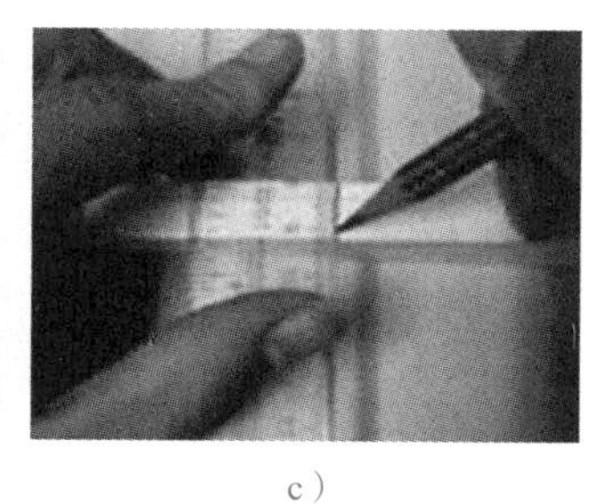

c）

图 8-50　PVC 线槽外弯角成型步骤

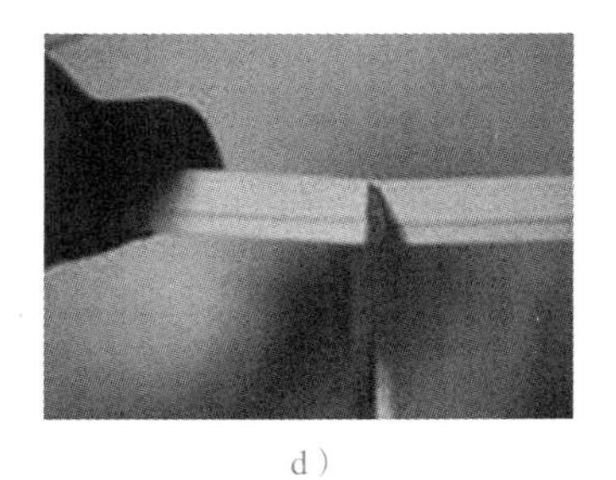

d）

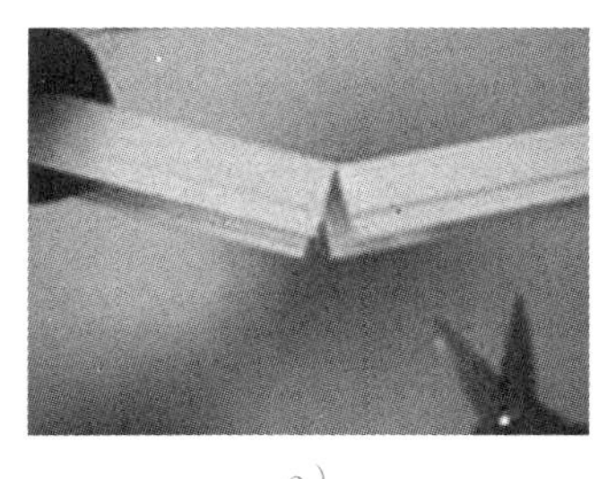

e）

f）

图 8-50　PVC 线槽外弯角成型步骤（续）

四、过程测评

任务十过程测评见表 8-11。

表 8-11　任务十过程测评

考核项目	考核要求		配分	评分标准		扣分	得分	备注
PVC 线槽水平直角成型	按步骤制作 PVC 线槽水平直角		35	1. 制作 PVC 线槽水平直角成型失败扣 2 分 2. 没有按要求操作，每个步骤扣 2 分				
PVC 线槽内弯角成型	按步骤制作 PVC 线槽内弯角		30	1. 制作 PVC 线槽内弯角成型失败扣 2 分 2. 没有按要求操作，每个步骤扣 2 分				
PVC 线槽外弯角成型制作	按步骤制作 PVC 线槽外弯角		30	1. 制作 PVC 线槽外弯角成型失败扣 2 分 2. 没有按要求操作，每个步骤扣 2 分				
安全生产	自觉遵守安全文明生产规程		5	遵守不扣分，不遵守扣 5 分				
时间	3h			超过额定时间，每 5min 扣 2 分				
开始时间		结束时间			实际时间			
成绩								

复习思考题

（1）综合布线的特点有哪些？

（2）光纤熔接的步骤是什么？

（3）如何制作 RJ45 插头？

参 考 文 献

［1］王正勤．楼宇智能化技术［M］．北京：化学工业出版社，2015.

［2］范国伟．智能楼宇与组态监控技术［M］．北京：人民邮电出版社，2014.

［3］殷际英．楼宇设备控制及应用实例［M］．北京：化学工业出版社，2015.

［4］刘昌明．建筑供配电与照明技术［M］．北京：中国建筑工业出版社，2013.